人氣拉麵店的繁盛秘訣

瑞昇文化

人氣拉麵店的繁盛秘訣！ CONTENTS

大特集

備受矚目的拉麵店之「特色與魅力」總搜查

仔細觀察現在備受矚目的拉麵店的話，會發現幾個關鍵詞：

- **視覺特徵**
- **另外盛放的魅力**
- **健康亮點**
- **受款待的差異化**
- **活用油封**
- **擺盤的竅門**
- **添加調味料的美味秘訣**

請在注意這些關鍵詞的同時，來解讀「令人矚目的拉麵店」的銷售方式與味道的構成吧。

愛知
一宮

麦の道 すぐれ

■地 址／愛知県一宮市本町3-5-2 ■電 話／0586-64-8303
■營業時間／11時30分～14時、18時～22時
■公休日／不定期公休

以「僅3道料理」構成菜單，1天多達100人光臨！回頭客不斷增加中！

烤真鯛拉麵 830日圓

使用僅由真鯛頭骨與蔬菜熬煮成的湯頭與雞骨湯以9:1的比例調配成的湯汁。再配以偏鹹的醬油醬汁。麵條為多加水扁麵，1人份160克。配料為雞胸肉叉燒、豬肩里肌叉燒、真鯛碎肉。使用瓦斯噴槍火烤後的香噴噴真鯛碎肉就像香味油的效果那樣和麵條拌在一起，每一口都能讓人品嚐到真鯛的美味。1人份包含25克左右的真鯛碎肉。

“充滿特色的醬油拉麵、鹽味拉麵、沾麵讓客人至少想來3次”

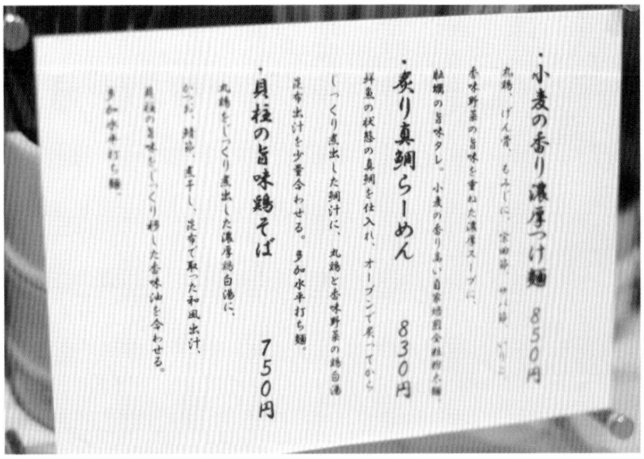

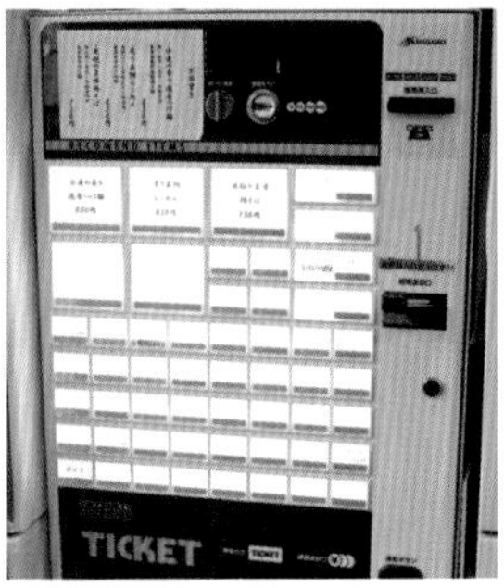

只有真鯛拉麵、雞肉蕎麥麵、沾麵這3道料理，餐券機也很簡潔，可以輕鬆挑選。雖然僅由3道料理構成菜單，但卻都是其他店家沒有的特色料理。餐桌上放著菜單，詳細介紹著各種湯頭以及麵的特徵。在等待餐點期間，還可以想一下「下次來的時候要吃什麼呢」。麵條是由春日井店製作好一宮店的分量後每日配送到這裡。

在真鯛魚頭上撒上食鹽，在160℃的烤箱中烤過後撕下碎肉。骨頭高溫燒烤後加入生薑、蒜頭再用小火熬煮湯汁。因為想要以鮮魚拉麵為主，因此在開業時引入了蒸氣式烤箱。雞胸肉與豬肩里肌採用蒸氣式烤箱的蒸氣模式進行低溫真空調理。

從鯛魚魚頭上取下肉，骨頭用高溫烘烤去除腥味後再加入生薑與蒜頭用小火熬煮，熬煮真鯛湯頭期間還要注意湯頭不能混濁。過濾的時候也要慢慢過濾，小心不能弄混濁。湯頭上面浮著的鯛油在注入碗中時注意保持分量一致。真鯛湯頭每日備貨約40人份。

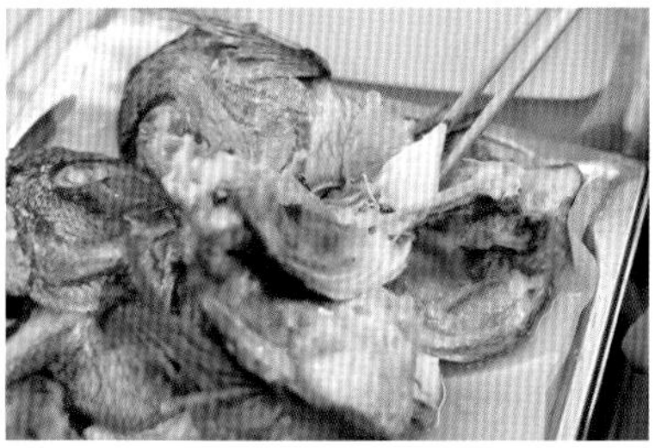

在真鯛魚頭上撒上食鹽，放入烤箱烘烤後撕碎。剩下的骨頭熬煮真鯛湯頭。碎肉放入每個點餐的碗內，噴上醬油後用瓦斯噴槍火烤，烤得香噴噴後放在麵條上。

鮮魚、雞肉、濃厚豬骨 人氣口味限定的3道料理

『麦の道 すぐれ』作為愛知縣春日井市的『麵者 すぐれ』的第二品牌，於2017年3月在一宮市開幕。春日井店以雞肉、豬肉的沾麵為主，帶出濃厚、清淡等各式口味，與此相對的，一宮店則僅限定於極具特色的3道料理。由於店主高松知弘先生的老家是做鮮魚批發的，因此推出鮮魚拉麵，並以此為中心思考了營業內容。

首先，鮮魚選擇真鯛。雖然也嘗試過鮪魚等其他魚種，不過能夠製作出淡雅且極具衝擊力的湯頭的只有真鯛的魚頭，因此就決定製作真鯛拉麵。但並非只有真鯛拉麵，還準備了其他湯頭以及沾麵。如果準備了三個不同口味，就會以「希望客人至少能蒞臨三次」為目標。

開業時沒有任何宣傳，僅用了4個月就達到了一天100碗的銷量，回頭客眾多。

有效製作不同種類的叉燒、湯頭

『すぐれ』不是用醬汁為同一種湯頭帶出不同味道，而是雖然只有

“獨身一人前來的女性也很多，以清潔感為第一印象的內外裝修”

以清潔感為第一，讓女性能夠自在地光臨的店內設計。雖然只有吧檯座席，但設計時重視女性獨身一人也會覺得舒適的沉靜氛圍。實際上從附近的市政府等處來此吃午餐的女性客人很多。13坪、10席的空間，每天服務約100名顧客。夏天點沾麵和真鯛拉麵的客人各佔一半。

鮮味干貝雞肉麵
750日圓

將干貝油、雞高湯、干貝醬油醬汁拌在一起加熱後放在碗內。在碗內使用攪拌器攪拌，讓其充分混合製成乳化湯汁。麵與「真鯛拉麵」一樣。淋入餐桌上的手作「生柚子醋」的話，就可以享受美乃滋風味的柔順口感。

3道料理，卻各自採用不同的湯頭，醬汁也不同。關於這一點，店家花費心思，有效率地製作了三種湯頭。

真鯛預先用烤箱烤過。魚頭烤過後，撕下肉後用高溫烘烤去除腥味，再用低溫熬煮，製成真鯛湯頭。雞肉麵用的雞肉高湯採用壓力鍋短時間製作。沾麵用的豬大腿骨湯也是用壓力鍋短時間製作的。

配合各種拉麵準備了3種叉燒，調理過程活用蒸氣式烤箱。豬肩里肌與雞胸肉叉燒使用真空低溫調理。豬五花肉採用非真空加熱後再用高溫烘烤表面。每一道拉麵都精心製成，卻有效活用調理器具，可以縮短出餐時間。

此外作為配料的鯛魚碎肉會噴上一些溜醬油後再用瓦斯噴槍火烤。沾麵的豬五花叉燒使用角煮醬汁溫熱後再放在麵上。雞肉麵的湯汁使用攪拌器乳化後再與麵拌在一起。3款拉麵都十分重視最後的調味，這更加強調出了3款拉麵的特色。

小麥香醇沾麵
850日圓

沾汁的容器直接在火上加熱，為客戶提供熱騰騰的美味。麵上放上豬五花叉燒與豬肩里肌叉燒。豬五花叉燒在常溫下容易有乾巴巴的口感，因此每次點餐都會用角煮醬汁溫熱後讓其蓬鬆再放在麵條上。

還可以添加餐桌上的「自製魚貝類花椒油」。使用四川花椒製成的麻辣油，在沾麵上拌上一些再食用，即可讓客人享受不同的味道。

沾麵用的湯汁是將使用整隻雞煮成的雞湯、豬大腿骨湯和魚貝湯混合製成。雞湯與豬大腿骨湯均採用壓力鍋熬煮，縮短了調理時間。雞湯、豬大腿骨湯、魚貝湯連著骨頭一起用食物調理機攪拌後更加濃厚。

東京
銀座

銀座 風見

■地 址／東京都中央区銀座6-4-13浅黄ビル1階　■電 話／03-3572-0737
■營業時間／星期一～星期六11時30分～15時20分（最後點餐時間）、17時30分～22時（最後點餐時間）、國定假日11時30分～20時（最後點餐時間）　■公休日／星期日

添加酒粕的獨特新口味拉麵 話題持續發燒中！

每次客人點餐後都會在小鍋中將湯頭、酒粕與醬油醬汁混合加熱。為了讓酒粕不會燒焦而加入水，熬煮加熱3小時左右，將酒精蒸發掉後製成。

酒粕濃厚湯麵　980日圓

將釀酒廠的酒粕加入湯頭中，不使用化學調味料卻帶來口感濃厚的拉麵。將雞肉與豬肉高湯與加入了酒粕、貝類精華的醬油醬汁混合。麵條採用京都製麵所．麵屋棣鄂製作的中粗麵，1人份150克。因其具有不輸給湯頭與酒粕的濃厚度而選擇這種麵條。這是一種稍微彎曲的直麵，具有嚼勁。配料也極具特色，使用栃尾炸豆腐、當季蔬菜（照片內為小松菜）、採用蒸氣式烤箱製作的2種叉燒。

引入蒸氣式烤箱，活用於調理2種叉燒。豬肩里肌叉燒採用蒸氣模式進行油封。不使用醬油等調味料，而用橄欖油與食鹽進行調味。豬五花肉叉燒以烤箱模式烘烤，再用以醬油為基底的醬汁醃漬。

“添加各式調味料帶來「優質的風味變化」”

餐桌上擺放著各式優質調味料，讓客人盡情享受各式風味。照片上為店家推薦的原了郭「花椒粉」（上圖）與村山造酢「千鳥酢」。

本日蔬菜 150日圓

準備當季蔬菜拼盤作為加點的配料。清淡的口感與濃厚的「酒粕濃厚湯麵」非常搭，對身體健康也很有好處而大獲好評。內容隨季節更替，照片上為秋葵、四季豆、小松菜。各自燙過後，冬天用清淡的八方醬汁調味。秋天使用菇類或醬漬炸茄子，冬天還有蕪菁等。

8個座位一天吸引130位客人！無化學調味料卻能呈現濃厚的味道，大獲好評

『銀座 風見』位於東京銀座的狹窄小路的深處，有著宛如小料理店般的清靜氛圍。將最近因對健康與美容大有益處而大受矚目的酒粕加入湯頭中，在社群網站等處話題不斷。從附近的上班族到外國旅客，獲得了廣泛的客群。人均消費1100日圓不到，10坪，8個座位，1日可吸引130～140人。

使用酒粕製成的招牌商品「酒粕濃厚湯麵」（980日圓），在高湯中加入酒粕、醬油醬汁混合製成。湯頭濃度高，即便無化學調味料亦能享受醇厚美味。

酒粕取自兵庫・灘的酒窖，在原本的狀態下依然飽含著酒精。因此該店將酒粕熬煮3小時，將酒精蒸發後再使用。高湯將豬頭、豬大腿骨、排骨等豬骨與雞腳、雞骨架等雞骨按照相同比例混合熬製濃厚湯頭，再加入酒粕後更增濃郁，也可很好地沾在麵條上。醬油醬汁中加入牡蠣、蛤仔精華，更添甘甜。

麵條採用向京都製麵所・麵屋棣鄂特別訂製的中粗麵。而且配料使

“在「銀座和食店」的氛圍中為客人提供美味拉麵”

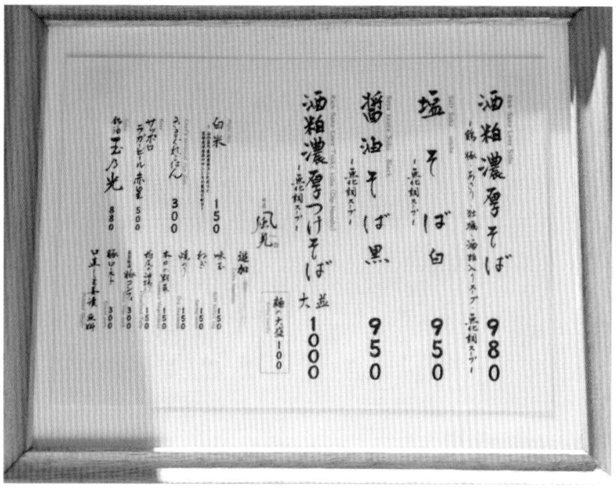

該店鋪的原木吧檯十分優美，充滿清爽的和食店氛圍。菜單等也像蕎麥麵店一般整潔秀麗。待客服務方面也意識到「銀座」風格。不是將商品從吧檯遞給客人，而是由店員端到客人座位，店員還會詢問每位客人「您需要使用紙圍裙嗎？」

酒粕濃厚沾麵
1000日圓

「酒粕濃厚湯麵」的沾麵版。基本湯頭是一樣的，只是增加了醬油醬汁與酒粕的分量，增加了濃度，更加濃郁。麵條為京都製麵所・麵屋棣鄂製作的粗麵，是以意大利麵的細扁麵（Linguine）為意象訂製的。提高了加水率，帶出Q彈口感，光滑順口。

用蒸氣式烤箱烘烤出豬肩里肌與豬五花2種叉燒，再與較少見的栃尾炸豆腐組合，大大提升了魅力。

服務也極具「銀座特色」還有清爽的和風醬汁拉麵

考慮到銀座的區域特性，『風見』在服務方面也下了一番功夫。例如並不是將商品從吧檯內側直接遞給客人，而是由員工從廚房端到大廳，從客人後方擺上餐桌。此外餐桌上放置著原了郭「花椒粉」與村山造酢的「千鳥酢」等講究的調味料，讓客人可以依據自己的喜好添加調味料，享受風味變化之樂。

此外，為了吸引不喜歡酒粕的客人或喜好清淡口味的客人，也開發出了柴魚片和小魚乾等材料熬煮出的和風湯汁拉麵。提供「鹽味湯麵白」（950日圓）和「醬油湯麵黑」（950日圓）等鹽味與醬油味的簡單拉麵，擴大了客群。

鹽味湯麵 白
950日圓

與「酒粕濃厚湯麵」的醇厚不同，使用昆布、小魚乾、柴魚片、鯖魚乾片等熬製的和風湯汁，是一款清淡系的拉麵。以蛤蜊、蚌蠣、苦艾酒、魷魚乾、柴魚片、鹽、白醬油等製作成鹽味醬汁、加入香味蔬菜製成的蔬菜油、雞油進行調味。

醬油湯麵 黑
950日圓

使用與「鹽味湯麵」等共通的湯頭，是一款清淡系的拉麵。湯頭與醬汁大量使用魚貝類，讓客人盡享風味。調味料基本與「鹽味湯麵」用的鹽味醬汁相同，最後用二段式發酵醬油等提出醬油風味。麵使用具有咬勁的細麵。

2016年7月在東京銀座的小巷深處開業。平日一般以附近的上班族為常客，週末則有很多來銀座逛街或約會的人們以及外國觀光客。人均消費1100日圓不到。

東京
阿佐之谷

麵処 一笑

■地 址／東京都杉並区阿佐ヶ谷南1-9-5
■電 話／03-3311-8803　■營業時間／11時～16時
■公休日／星期三

一碗可享受兩種美味
濃厚豬骨&蔬菜拼盤

原味拉麵 800日圓（含稅）

濃厚的豬骨湯與另外附上的蔬菜非常搭。推薦客人一開始可以品嚐無配料的原味拉麵，中途再加入蔬菜，一碗麵可以享受完全不同的兩種口味。醬汁為使用本釀造白醬油製成的醬油醬汁，是一種不會影響湯頭味道的清淡口味。最後再淋上雞油。所有菜單的麵條都一樣，是向三河屋製麵特別訂製的中粗麵。100%使用北海道產小麥，嚐起來不輸豬骨湯頭，充滿小麥風味的結實彈力麵條。1人份200克。

“加入另外附上的蔬菜 享受8種不同風味”

為客人準備了8種蔬菜。單品拉麵類可以免費選擇一種蔬菜。而且第2份以後可以100日圓追加單點。也有客人為了健康著想，減少麵的分量而增加蔬菜的分量。

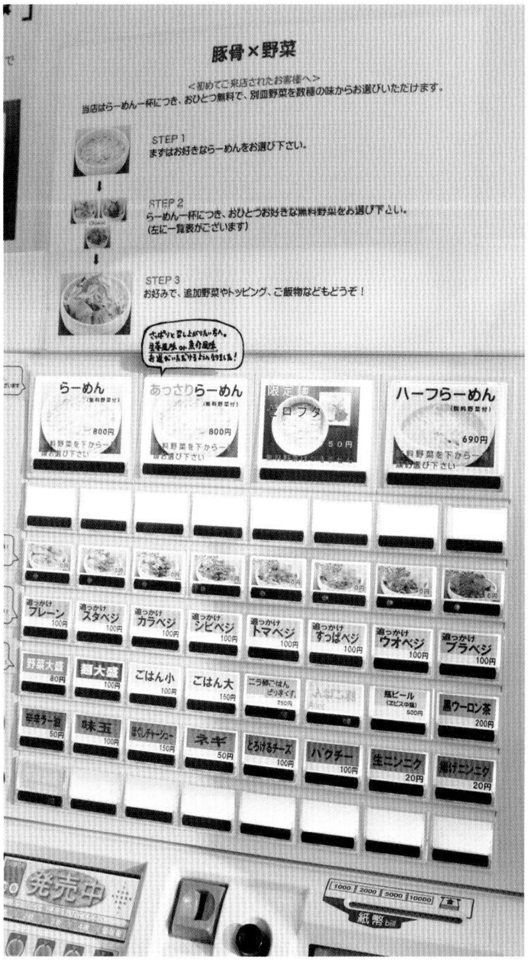

湯頭為標準的醇厚型，基礎湯底是相同的，但也可以選擇調味溫和的清淡型。為了方便客人點餐，餐券機上也放置了清楚的說明文。

平日客人以附近的上班族和不遠處的公務員為主。因為可以吃到大量蔬菜，女性客人佔了3成。

有高麗菜、豆芽、胡蘿蔔等超過150克的蔬菜。約可攝取一日所需蔬菜量的一半。客人點餐後燙一下，變化不同的醬汁和油等調味，形成完全不同的口味。

以湯麵為基礎開發 分量十足的蔬菜也魅力十足

『麵処 一笑』於2015年12月在東京南阿佐之谷的商店街一角開幕。營業時間從11時到16時共5小時，12坪11個座位，是一間平日接待客人100~110人，週末140人的人氣拉麵店。

店主金子哲也先生在總店位於東京石神井的名店『麵処 井の庄』修業8年，還曾擔任練馬『濃菜麵 井の庄』的初代店長。在擔任店長期間開發出的就是加入了大量蔬菜的湯麵系拉麵，與不輸蔬菜的濃厚豬骨湯組合，具有良好平衡。但是獨立開店之際，因為也想讓客人品嚐豬骨湯本身的美味，因此將配料的蔬菜另外盛裝，以供客人選擇。先讓客人品嚐只有蔥末配料的原味豬骨拉麵，之後再放入蔬菜品嚐，開創出這種一碗麵卻能吃到兩種美味的獨特拉麵。

蔬菜使用高麗菜、豆芽、韭菜、胡蘿蔔，1人份150多公克。

客人點餐後燙一下，再與叉燒一同盛裝。大膽使用醬汁與油調味，讓客人盡情享用口感完全不同的8種美味。

這款拉麵在與原味拉麵等拉麵附上的相同蔬菜上，淋上使用香味油調味的番茄醬。

店家建議客人先將清淡的豬骨拉麵吃掉一部分，再加入另外附上的蔬菜作為配料食用。在加入蔬菜調味後會變成不同的美味。

半份拉麵 番茄醬汁 690日圓（含稅）

「半份拉麵」的麵條為通常的一半（100克），湯頭為通常的三分之二。在想要減少攝取量的老年人等客人之間很受歡迎。也可滿足某些客人想要吃得健康的需求，他們可以點超過兩盤的另外附上蔬菜。另外附上蔬菜中受女性歡迎的「番茄醬汁」，則是使用加入幾種香草製成的番茄醬帶出義大利風味。

花費兩天時間精心製成，濃厚卻無腥味的湯頭

湯頭使用以豬大腿骨與排骨為主體，外加豬腳、豬背脂肪、豬皮等。分別使用兩口深底湯鍋，不同部分放入不同深底湯鍋中與香味蔬菜一起熬煮。花費時間不同，短的部位熬煮6小時，長的部位熬煮17小時。此外豬骨一點也不浪費，會花6~7小時用錐形濾網精心過濾，連最後一滴也不放過，再放入冰箱冷藏讓其熟成方可。而且為了不要產生腥味，在營業過程中每次只加熱少數幾人份的湯頭，盡量不要長時間加熱。

商品以「拉麵」（800日圓）為基本，最有人氣。還準備了以基本湯頭為基礎，可輕鬆享用的「清淡拉麵」（800日圓）、麵條只有一半分量、湯頭只有三分之二分量的「半份拉麵」，也吸引了廣大客群。

店鋪位於東京南阿佐之谷車站附近的商店街。周圍有公司及公家機關等，也有住宅社區。

「只做自己想做的事情，店鋪是無法經營下去的。開發菜單時也要考慮到店鋪選址和客群。必須又是演員又是製片人。」店主金子哲也先生這麼說。

為了增加女性想進入店鋪的欲望，自己作業時也可以保持心情愉快（店主金子先生說），採用以白色為基調的明亮店鋪設計。牆壁上裝飾著唱片封面。

清爽拉麵SUTABEJI 800日圓

將「原味拉麵」使用的基本湯頭製作得更溫和，更易於食用，深受女性與老年客人好評的「清爽拉麵」。醬汁採用以濃口醬油為基底的生薑醬油醬汁，十分清爽。另外附上的蔬菜「SUTABEJI」淋上大蒜醬油與豬油，放上去後變成了滿滿的「二郎系拉麵」風味。

“只有豬肉與香味蔬菜濃厚卻無腥味的湯頭”

分別使用兩口深底湯鍋，花費兩日熬煮製成的湯頭。以豬大腿骨與排骨為中心，除了豬肉以外還有香味蔬菜的香氣。計算各自所需的熬煮時間，依照部位在不同時間加入食材。

過濾食材，僅將剩下部分製成濃厚豬骨湯頭。雖具有濃稠的黏度，但注意熟成和保存方式，最終讓人完全感受不到腥臭味。

偶爾也會開發出限定商品。照片上為6月17日～7月9日供應的「零豬肉」（750日圓）。為了讓客人品嚐豬骨湯頭本身的美味，而不添加香味油等調味，「以湯頭為主角」的自信之作。與專用的細麵進行搭配。

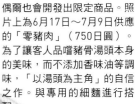

東京
錦糸町

麺や佐市 錦糸町店

■地 址／東京都墨田区錦糸4-6-9 小川ビル1階 ■電 話／03-3622-0141
■營業時間／星期一～星期四：11時30分～23時30分、星期五與星期六：11時30分～24時、星期日與國定假日：11時30分～22時
■公休日／全年無休

濃縮了牡蠣甘甜的無化學調味料湯頭超有人氣！

佐市麵 1150日圓

在該店的主要商品──湯頭和配料都使用牡蠣的「牡蠣拉麵」（900日圓）的基礎上，加入豬肩里肌叉燒和水煮蛋的豪華版。一碗約使用8顆牡蠣。湯頭加入牡蠣熬煮，再每人份加入70克奶油糊，雖無化學調味料卻具有讓人感覺像是直接吞下牡蠣般的濃厚香醇口感。

"1日200人！獲得了廣泛的客群，從上班族到帶著孩子的父母皆有"

位於東京錦糸町的小巷深處。以周邊的上班族為中心，因為無化學調味料，因此也有一些帶著孩子來用餐的客人。因為喜歡吃牡蠣而前來的客人也很多，一般都會需要排隊。女性客人也很多，大約佔4成。

◎作為配料的牡蠣

配料用的牡蠣選擇稍微偏大的。解凍燙過後，用奶油嫩煎，再用醬油醬汁調味。一次不會製作太多，盡可能每次少量分多次製作。

◎牡蠣高湯湯頭

湯頭為使用深底壓力湯鍋熬煮出的雞骨湯、與使用柴魚片和宗田節等乾貨類熬煮成的湯汁混合而成的雙湯頭。營業中使用保溫機一點一點先保溫著，每次客人點餐後再將1、2人份放入小鍋中，加入牡蠣醬，加熱使得牡蠣醬化開。在碗中與醬油醬汁混合。使用以濃口和薄口醬油為基底製成的醬油醬汁，不會影響牡蠣風味的清淡口味。

使用高級食材牡蠣的湯頭 每天吸引200人！

東京錦糸町的『麺や佐市』奢華地使用給人高級食材印象的牡蠣作為湯頭和配料。無化學調味料卻帶來彷彿吃下一整顆牡蠣般的濃厚香醇口感，大獲好評。9坪、10個座位，是一間每天平均吸引200位客人的人氣店舖。牡蠣對肝臟大有益處，因此也有很多人是喝完酒後來吃一碗的。2012年9月開業，並在2016年11月開設了幡之谷分店。

店主東方田裕之先生為了開發出無化學調味料的流行鮮魚系拉麵，而研究了各種可熬煮出濃厚鮮甜口感湯汁的食材。旗下系列店家也有經營法式餐廳，『麺や佐市』也因此在湯頭中使用奶油，運用西式餐點的調理技術進行開發。初期同時經營蝦子和牡蠣兩種，但後來考慮到東方田先生的老家廣島盛產牡蠣，因此後來專注於單價較高且具有強烈衝擊感的牡蠣，作為獨一無二的「牡蠣拉麵店」而大獲好評。

牡蠣醬的製作方法

1 進貨時為冷凍狀態，將5公斤解凍後的去殼牡蠣攪拌加熱，注意不要煮焦，逼出水分。

2 等到最初的5公斤牡蠣分量縮減後，再加入5公斤牡蠣，一邊攪拌一邊繼續加熱。

3 牡蠣中不斷滲出水分。將滲出的水分加熱至沸騰。到此大約花費1小時。

4 取出牡蠣，瀝乾水分。將剩下的湯汁過濾，繼續熬煮。

5 繼續慢慢熬煮湯汁。等到煮到幾乎收乾時，再與步驟4中取出的牡蠣混合。

6 用豬油炒香蒜頭、生薑、洋蔥。

7 炒熟蔬菜後，在步驟6中加入步驟5煮好的牡蠣，混合均勻。

8 加入無鹽奶油，加熱至沸騰。

9 等無鹽奶油融化後，放入果汁機中攪拌至變成糊狀。

10 浸泡在冷水中急速冷卻。冷卻後會凝固，因此分成1人份70克小分量後用保鮮膜包住後冷藏。

每人份含有8個牡蠣！調理方法也強調出牡蠣口感

拉麵與沾麵的湯頭和麵條等是相同的。湯頭是將使用深底壓力湯鍋熬煮出的雞骨湯、與使用柴魚片和宗田節等乾貨類熬煮成的湯汁等兩種湯汁混合製成。事先熬煮好，急速冷卻後冷藏，營業中使用保溫機少量保溫使用。

湯頭美味的關鍵在於使用的是在小鍋內混合製成的牡蠣醬進行調味。以去殼牡蠣肉為主，加入香味蔬菜、奶油等熬煮，液體部分僅使用由牡蠣熬煮出的精華，再用果汁機攪拌成糊狀。另外還使用將濃口與薄口醬油、酒、味醂、鹽混合加熱後放置1日再使用的醬油醬汁進行調味。

配料也放了兩個使用奶油嫩煎的牡蠣，一碗拉麵中牡蠣的分量約為8個。牡蠣為冷凍的去殼牡蠣，且以具有味覺衝擊感的小顆粒牡蠣為主。主要使用廣島產的牡蠣，雖然從業者處大量進貨，盡可能降低了成本，但成本率還是達到了50%左右。

牡蠣拉麵 900日圓

該店的標準牡蠣拉麵。雖成本率為50%左右，但考慮到客群還是將價格定在1000日圓以下。添加了滿滿的牡蠣，也深受喝酒後的客人喜歡。麵條使用Q彈有嚼勁的中粗捲麵，1人份160克。

牡蠣飯 450日圓

作為副餐的飯類也是滿滿的牡蠣。活用拉麵用的牡蠣醬，將醬油醬汁稀釋後作為具有濃厚口感的蓋飯醬汁使用。配料與拉麵用的配料相同，為4個奶油嫩煎牡蠣、蔥花、海苔末、蘿蔔芽。

3樣下酒菜 550日圓

將放在拉麵上的配料裝盤後作為下酒菜提供給客人。照片內為水煮蛋、奶油嫩煎牡蠣、豬肩里肌叉燒、蔥花、蘿蔔芽。

沾麵 900日圓

為了不怎麼喜歡牡蠣的客人，特別將牡蠣換成壓力鍋熬煮過的豬肩里肌叉燒。沾麵的醬油醬汁與湯頭偏少，但使用了等量的牡蠣醬。

大阪
日本橋

麺のようじ

■地 址／大阪府大阪市中央区高津2-1-2 大越ビル1F　■電 話／06-6214-0670
■營業時間／11時30分～14時30分（最後點餐時間）、18時～21時30分（最後點餐時間）
■公休日／星期四

以蔬菜×雞肉為主題展開
加上當季蔬菜帶來賞心悅目的一碗拉麵

根芹番茄冷拉麵 850日圓

2014年作為每月更替菜單推出以後，在客人的要求下變成了每年夏季限定提供的菜單。以根芹為主角的拉麵。根芹在歐洲十分流行，但在日本還不怎麼為人所知。將根芹以高湯水炒後帶出宛如馬鈴薯般的甘甜醇厚風味，與雞肉清湯搭配形成義大利風味。作為配料的繽紛蔬菜也是極具人氣的重要原因。

麦の道 すぐれ
銀座 風見
麺処 一笑
麺や佐市 錦糸町店
麺のようじ
鶏そばAyam-YA 京都駅前店
麺屋 大申
MENSHO

“蔬菜不僅用作配料也活用於湯頭提味”

「根芹番茄冷拉麵」使用的蔬菜與食材多達10種！

「根芹番茄冷拉麵」使用的蔬菜讓人矚目的亮點不僅在於豪華的外觀，還在於這些蔬菜起到了提升風味的作用。小番茄的酸甜、紅洋蔥的酸味、海葡萄的口感等，努力讓客人在食用的過程中盡情享受味道變化樂趣，直到最後一刻也不會讓人厭煩。此外，不使用一般拉麵所使用的蔬菜，而是使用少見的蔬菜這一點也吸引了客人的興趣，這也是受歡迎的原因之一。

該店在選擇蔬菜時十分重視「季節」、「少見」、「配色」。活用紫蘇葉的嫩葉（左上）、蓴菜、海葡萄、櫻蘿蔔芽等極具特色的味道與口感作為配料。

雞高湯內加入蘋果、牛蒡、生薑熬煮。60公升的湯頭內加入了10公斤的赤雞骨架、2隻全雞、5公斤雞腳，相當奢華，慢慢熬煮出雞肉的美味。

活用在蔬果店工作培養的知識，提案出以蔬菜為主角的拉麵

以「蔬菜×雞肉」為概念的『麵のようじ』，店主唐司燿詞先生活用曾在大阪市中央批發市場的蔬果店工作8年累積的經驗，再加上豐富的蔬菜知識，是眼光非常獨到的「蔬菜專家」。於是從2013年開業（2014年改為現在的店名）推出以蔬菜為主角的創意拉麵以來，到現在已經第4年了，該店成長為需要排隊1小時才能進入店內的生意興旺的店舖。

首先吸引目光的是奢華的裝盤以及使用大量的蔬菜。該店平時根據菜單組合使用約20種蔬菜，其中比較常用的蔬菜，夏天為水茄子、冬天的話是縮緬菠菜等季節蔬菜或市面上不常見的蔬菜。希望能讓客人透過該店的拉麵品嚐到平時很少吃到的美味蔬菜。例如，夏季限定的「根芹番茄冷拉麵」是以將泥狀根芹與雞高湯混合後形成半液體狀的獨特風味與香氣為特徵。再加上紅洋蔥、海葡萄、小番茄等帶來繽紛的色彩與口感，讓客人可以將少見的蔬菜一點不剩地吃完。

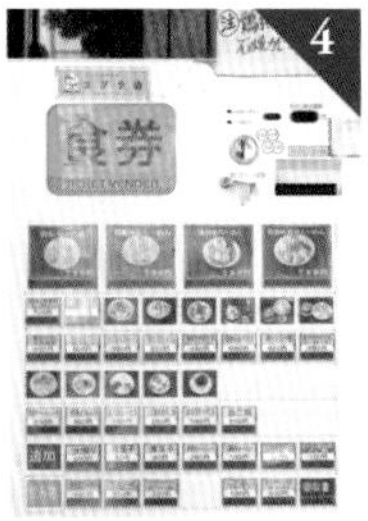

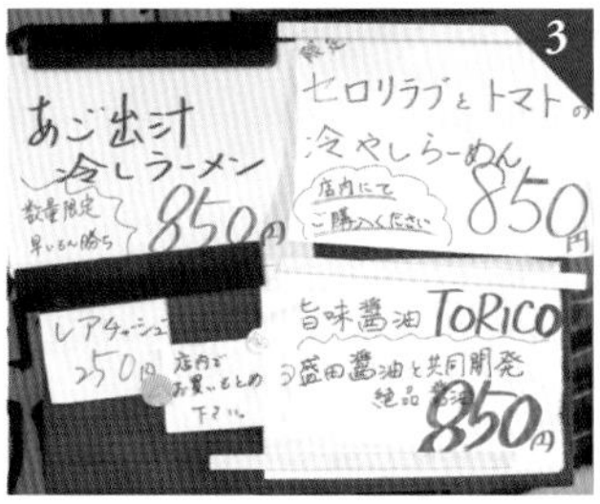

1.店鋪位於松屋町路邊。不論白天還是夜晚的營業時間都大排長龍的人氣店鋪。**2.**店內10坪、11個座位。聽說也有很多藝人前來。 **3 4.**餐券機放置在室外以防店內嘈雜。每月更替的菜單則隨時以手寫的公告告知客人。

“不僅蔬菜，連麵條和配料也都發揮創意”

店家準備了雞肉與豬肉兩種叉燒。均為使用蒸氣式烤箱低溫調理6小時左右的半熟狀態。雞腿肉預先以鹽味醬汁調味，再將外皮烤出香味。

依據每道料理準備了6種麵條。基本款的「雞湯鹽味拉麵」採用加入全粒麵粉製成的自製中粗麵，低加水率帶來Q彈有咬勁的口感。此外拌麵採用龍型粗麵（DRAGON麵），沾麵使用的是加水率高的Q彈小麥風味粗麵等，小麥的比例、粗細、形狀都考慮了與湯頭的搭配。

色彩繽紛的料理在社群網站快速傳播，吸引了大量客人

對蔬菜如此講究的該店在湯頭也下了一番獨特的功夫。雞高湯除了赤雞骨架之外，還加入了青森縣產的蘋果、群馬縣產的牛蒡、高知縣產的生薑。過濾後的湯汁內加入雞胸肉肉末與道南產昆布後再次熬煮，極具特色。透過這樣的步驟不僅使得雞肉的美味被濃縮，而且還加入了蘋果的酸味、牛蒡的香氣、昆布的風味等，去除了雜味，製作出更醇厚的味道。

大量使用蔬菜與其他嚴選食材，將成本率提高到38～40％。不過這些色彩繽紛的拉麵被客人上傳到社群網站等處，大大增加了遠道而來的客人及女性客人。此外，使用每月的時蔬製成的限定拉麵也大受好評，與回頭率的提高也大有關聯。

雞湯鹽味拉麵 780日圓

基本款「雞湯鹽味拉麵」可以品嚐到該店花費時間與精力製成的雞高湯。具有清涼感的湯頭內加入切成小方塊的洋蔥提味，還加入雞胸肉與雞腿肉叉燒、穗先筍乾、櫻蘿蔔芽、蔥白細絲、雞蛋。再將長蔥進行立體裝盤，為外觀演繹出不同樂趣。

雞肉泥沾麵 900日圓

擁有眾多粉絲的「雞肉泥沾麵」，湯頭極具特色。雞肉高湯內除了碎肉外，還加入了蘿蔔與地瓜，帶來香醇濃厚的口感，和麵條也很搭。此外還使用自製的蜂斗菜香味油，提升了風味與香氣。並使用山芹菜、油炸洋蔥、七味唐辛子來代替佐料調味。

飛魚乾湯汁冷拉麵 850日圓

夏季限定料理。在雞高湯內加入了飛魚乾精華製成的湯頭，冷卻後提供給客人。雖具有飛魚乾湯汁細膩甘甜與濃郁，卻口感清爽。還加入了蓴菜、紫蘇、紫蘇穗、蘘荷、酢橘等，提高了清涼感。低溫調理製成的半熟叉燒口感濕潤，與湯頭具有一體感。

京都
下京區

鶏そばAyam-YA 京都駅前店

■地 址／京都府京都市下京区御方紺屋町2-1-11 ■電 話／075-344-1456
■營業時間／11時30分～14時30分（最後點餐時間）、18時～21時30分（最後點餐時間）
■公休日／星期日、國定假日

吸引外國觀光客的清真認證拉麵店

醬油雞湯麵 680日圓

能夠品嚐到美味雞湯的招牌料理。對於穆斯林來說一般都會有日本的拉麵=豚骨拉麵的印象，因此以加入雞骨架和雞腳等精心熬煮的雞高湯為基底，再融入昆布・香菇和風高湯的濃郁，還加入了醬油調味汁的風味，以濃郁香醇的口感為特徵。麵條使用的是具有彈力的中粗多加水熟成扁麵。雞胸肉叉燒使用低溫調理成半熟狀態。

該店選址位於距離京都車站徒步10分鐘的地方。該店獲得由戒律嚴明的馬來西亞指定的認證團體所認可的在地清真認證，並將證書掛在店內。

該店現在有8名穆斯林員工。頭戴希賈布（Hijab，穆斯林婦女穿著的頭巾）的員工在店內工作，顯示了該店是適合穆斯林進入的環境，這比任何清真認證都更能給客人帶來安心感與信賴感。

雅加達風味拌麵 800日圓

以看到穆斯林員工製作的食物為靈感製作而成的創意拌麵。改良為印尼無湯汁拌麵的「Jamin」風味，麵條上撒上辛辣的辣椒醬與魚粉，並與雞肉叉燒、蔥白細絲、蔥花、海苔末攪拌後食用。

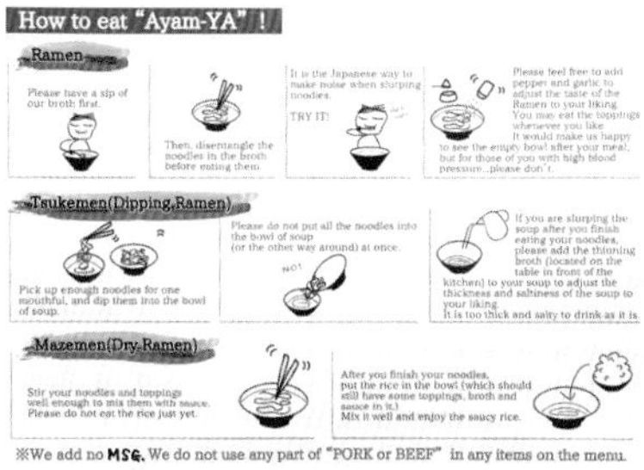
How to eat "Ayam-YA"!

Ramen

Please have a sip of our broth first.

Then, disentangle the noodles in the broth before eating them.

It is the Japanese way to make noise when slurping noodles. TRY IT!

Please feel free to add pepper and garlic to adjust the taste of the Ramen to your liking. You may eat the toppings whenever you like. It would make us happy to see the empty bowl after your meal, but for those of you with high blood pressure...please don't.

Tsukemen(Dipping Ramen)

Pick up enough noodles for one mouthful, and dip them into the bowl of soup.

Please do not put all the noodles into the bowl of soup (or the other way around) at once. NO!

If you are slurping the soup after you finish eating your noodles, please add the thinning broth (located on the table in front of the kitchen) to your soup to adjust the thickness and saltiness of the soup to your liking. It is too thick and salty to drink as it is.

Mazemen(Dry Ramen)

Stir your noodles and toppings well enough to mix them with sauce. Please do not eat the rice just yet.

After you finish your noodles, put the rice in the bowl (which should still have some toppings, broth and sauce in it.) Mix it well and enjoy the saucy rice.

※We add no MSG. We do not use any part of "PORK or BEEF" in any items on the menu.

吃完麵後還可以再點一碗白米飯。且準備了以英語說明吃法的介紹。

以獲得清真認證的拉麵成功吸引了訪日穆斯林客人

京都的累計訪日外國遊客超過了5000萬，入境遊客需求增加。其中成功吸引了穆斯林（伊斯蘭教徒）的店家就是這間『鶏そばAyam-YA 京都駅前店』。2015年5月開幕時即取得了在地清真認證，現在穆斯林客人約佔7成，甚至有時候一天多達180人，成功吸引了客人。

以前這個地方是店名不同的另一家店，曾給客人提供僅使用雞肉的拉麵，使得穆斯林客人有所增加。於是在重新裝修之際，為了滿足穆斯林客人「想要安心吃到安全的食物」這一願望，特地改變了菜單，將店舖改成了具有稀有價值的100％穆斯林拉麵店。

要獲得清真認證，除了所有的食材都必須是清真食品以外，還要禁止提供和使用酒精類（也包括醬油、味噌等添加了酒精的食品）等各式制約。負責開發的森田誠先生說：「當初為了僅以有限的清真食品製作出讓穆斯林客人甚至日本客人都能夠接受的品質並提升美味度，真的是費盡心思了」。於是在

“從食材到餐券機都考慮周到”

食材全部為清真認證食品，比如僅使用按照伊斯蘭教戒律規定的屠宰方式屠宰的雞肉。此外，嚴格選用未添加酒精的醬油與醋等調味料。

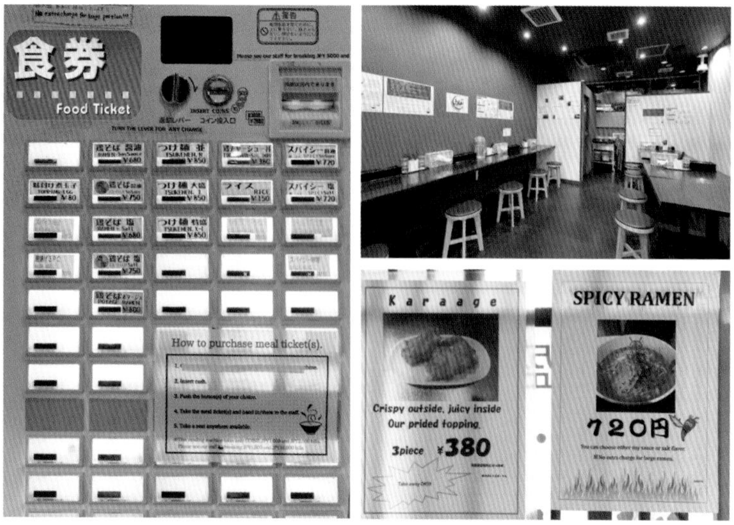

在店內設置的餐券機上購買餐券。還掛著以照片和英文向外國客人進行說明的菜單。店鋪整體15坪，其中1／3是客席。店內設置有3張4人座的餐桌與6個吧檯席，座位的寬幅也十分充足，為客人設置了寬鬆的空間。

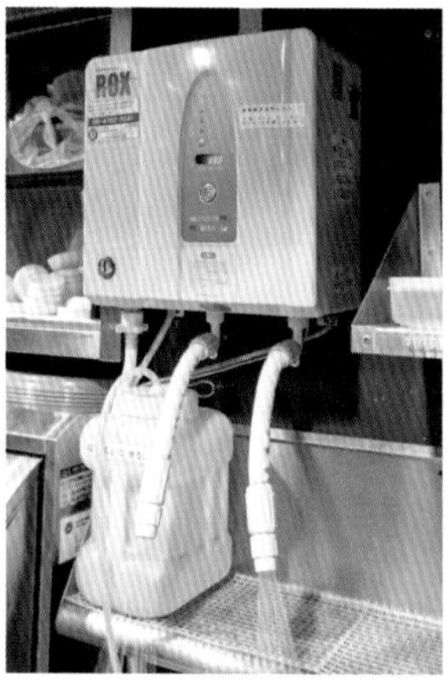

因無法使用酒精對店內的器具及餐桌等消毒，因此在廚房設置了電解水生成裝置。可以生成酸性與鹼性電解水，可使用鹼性水去除油污，使用酸性水對餐具等進行殺菌。

重新裝修後還設置了祈禱室。室內還設置了潔淨手腳與口腔等的清洗設施與可蘭經等，天花板上還有顯示麥加方位的箭頭等各種貼心設計，讓穆斯林客人可以安心使用。以前在京都車站周邊沒有穆斯林可以禮拜的設施（現在京都塔內有設置），因此即便沒有在該店消費也開放穆斯林客人免費使用房間。

作為基底的雞湯加入雞骨架與雞腳，並以數種蔬菜帶出厚實感，再與柴魚片和昆布為基底製成的和風高湯組合，實現了深沉醇厚口感。為了可以很好地吸收稍微濃稠的湯汁，而使用了中粗的多加水熟成扁麵。

以同樣深受日本客人喜歡的獨創性料理展開

招牌的「雞湯麵」是在湯頭內再加上洋蔥末，為風味與口感帶出變化。此外，在雞高湯內加入紅麴味噌再用花椒調味帶出麻辣口感的「辣味味噌拉麵」、使用以辣椒為基底的自製辣醬的「雅加達風味拌麵」等為滿足以辣味為訴求的穆斯林客人而開發的料理，因其獨創性也獲得日本客人好評。

現在東京、大阪、吉隆坡都開設了加盟連鎖店。在取得清真認證的餐飲店不斷增加的情況下，該店作為先驅者，今後的發展令人矚目。

辣味味噌拉麵 800日圓

在製作點單量很多的味噌拉麵時，將其改良為以具有該店特色的辣味為重點。雞高湯內加入紅麴味噌，再加入和式調味料——花椒增添辣味。對於喜歡辣味料理的穆斯林客人來說，花椒刺激的辛辣帶來的獨特風味大獲好評。辣度分為3等，可按自己需求點餐。

濃雞湯麵 800日圓

如同其名，以宛如濃湯一般濃稠的湯頭為特徵。在經常來光顧的日本客人中也具有極高人氣。以雞高湯為基底，因不能使用奶油，就改用人造奶油與麵粉帶出濃稠感。配料以雞肉叉燒為主，加上玉米筍、蘆筍、山芹菜、辣椒絲。柚子皮的香氣成為一大亮點。

大份雞肉蓋飯 680日圓

以紐約的夜市料理為靈感開發而出。在白米飯上放上雞腿肉叉燒，上面再淋上兩種顏色的醬汁。一種是被稱為Tzatziki沙拉醬的優格醬汁，另一種是智利風味辣醬，刺激辛辣與溫和的酸甜醬汁具有絕妙平衡。是回頭率很高的一款餐點。

東京
西池袋

麵屋 大申

■地 址／東京都豊島区西池袋1-39-1　■電 話／03-5927-8820
■營業時間／星期一～星期五：11時30分～15時、17時30分～次日5時　星期六：11時30分～次日5時　星期日、國定假日：11時30分～23時

以濃厚豚骨湯頭為中心 極具衝擊力的 小魚乾·辣味拉麵

濃厚 小魚乾拉麵 790日圓

開業後開發出的小魚乾湯頭拉麵是現在最有人氣的餐點。在將豬大腿骨使用深底壓力湯鍋熬煮成的豚骨湯頭中，加入同樣使用深底壓力湯鍋熬煮過的苦蚵仔製成的小魚乾醬，混合形成的濃厚湯頭。麵條為22號直麵，1人份150克（煮麵時間1分15秒）。小魚乾湯汁濃郁，也有很多人會再點米飯（1碗免費）來配湯汁。

麦の道 すぐれ
銀座 風見
麺や佐市 錦糸町店
麺のようじ
鶏そばAyam-YA 京都駅前店
麺屋 大申
MENSHO

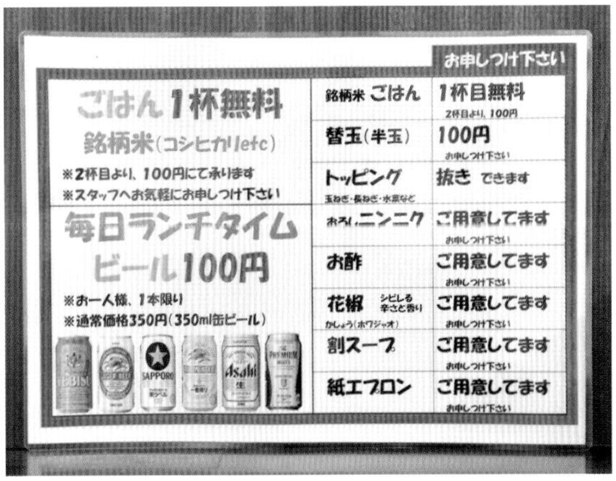

提供與濃厚湯汁相配的米飯（第1碗免費）。而且選用各地的名牌米變化使用。多的日子會煮到20合米。其他各種商品也都製成一覽表，讓客人可以輕鬆點餐。

“活用深底壓力湯鍋 短時間熬製出濃厚豚骨湯頭”

使用深底壓力湯鍋將日本產豬大腿骨加熱，取第一道湯頭，剩下的骨頭繼續熬煮第二道湯頭，兩者混合再加入排骨繼續熬煮。雖然十分濃厚，不過因為活用了深底壓力湯鍋，僅用兩個半小時就可製作出豚骨湯頭。

濃厚 豚骨醬油拉麵
690日圓

本款拉麵使用該店的基本豚骨湯頭。豚骨僅使用豬大腿骨熬煮湯汁。用深底壓力湯鍋短時間熬煮，因此無澀味，雖濃厚卻很順口。與醬油醬汁和豬油混合使用。麵為16號粗直麵，1人份150克（煮麵時間1分30秒）。

無腥臊味的濃厚豚骨湯頭 為經典拉麵帶來特色

東京西池袋的『麵屋 大申』以豚骨湯頭為基底，以「小魚乾拉麵」、「辛辣味噌拉麵」、「擔擔麵」等菜單為中心。2016年8月開幕，在都內第一的拉麵激戰區中不斷提高好評。

『麵屋 大申』將作為基底的豚骨湯頭製成濃厚豚骨湯頭，凸顯出賣點所在。

濃厚豚骨湯頭使用深底壓力湯鍋熬煮而成。材料僅使用豬大腿骨、排骨，連蔬菜都未使用。首先用豬大腿骨熬煮後取出第一道湯頭，剩下的骨頭繼續熬煮第二道湯頭，兩者混合再加入排骨繼續熬煮。在密閉的壓力鍋中高溫短時間熬煮，因此可以熬煮出濃厚卻無澀味也無腥臊味的豚骨湯頭。兩個半小時即可熬煮完成，因此可以在營業過程中補充豚骨湯頭。對於營業到早上5點的該店來說是一大優勢。

廣泛活用深底壓力湯鍋 省時省力又節能

開幕後開發出的「濃厚小魚乾拉麵」現在成為了最有人氣的餐點。

1. 使用自製芝麻醬。
2. 麻辣醬也是自製。
3. 擔擔麵肉醬使用大顆粒的豬肉末，讓客人可以享受吃肉的口感。每次客人點餐後都使用專用的長柄湯匙取出1人份的1碗麵肉醬用量，因此不論是誰製作都能維持相同風味。

濃厚 麻辣醬擔擔麵 850日圓

人氣僅次於「濃厚小魚乾拉麵」。使用濃厚豚骨湯頭的擔擔麵。配合濃厚豚骨湯頭，芝麻醬和麻辣醬都是手作的，除了帶來辣味與香醇外，還可以起到給豚骨湯頭調味的作用。麻辣醬的辣度可進行調整，將花椒裝在附帶研磨器的容器內，提供給想要讓口味更辣的客人。

「濃厚小魚乾拉麵」的湯頭是將豚骨湯頭與小魚乾醬混合製成，這個小魚乾醬也是活用深底壓力湯鍋製成的。將苦蚵仔用高壓煮熟後粉碎，活用完整的小魚乾製成的糊狀醬汁，即便與濃厚豚骨湯頭混合也可完美保留小魚乾的風味。與全天免費提供1碗的白米飯十分相配，這也是人氣不斷攀升的重要原因。

除此之外豬五花肉叉燒也是使用深底壓力湯鍋製作。還有雞油也是用壓力鍋製作。短時間即可製作好，不僅可節約精力與瓦斯費，還因為在密閉的壓力鍋中製成，因此可以形成不同的口感，這也為該店帶來了一大特色。

店主上原美穗女士還是一位自由播音員，店內還有兼職從事演員、聲優、音樂人等藝能相關工作的員工。還為客人準備了下酒菜與酒水，以美味拉麵和服務為武器，將多開分店作為目標。從7月開始增加深夜營業。末班車前是用餐高峰期。

9個吧檯席。選址位於池袋西口的繁華地區。店主上原美穗女士（右邊第2位）也是一名自由播音員。以立志成為演員或聲優的員工為中心，與拉麵一起為客人帶來每天的「健康元氣」。

濃厚 辛辣味噌拉麵 850日圓

味噌拉麵也以「濃厚」為特徵。混合味噌醬、豬油、麻辣醬、豚骨湯頭。麵條使用16號粗直麵。配菜為豬五花叉燒、蔥白細絲、豆芽、筍乾、水煮蛋、海苔。

“ 叉燒和雞油也都調味得風味十足，帶出差異 ”

將豬五花用深底壓力湯鍋製成叉燒。使用自製的醬油調味汁烹煮，只需直接冷卻，因此不費功夫。

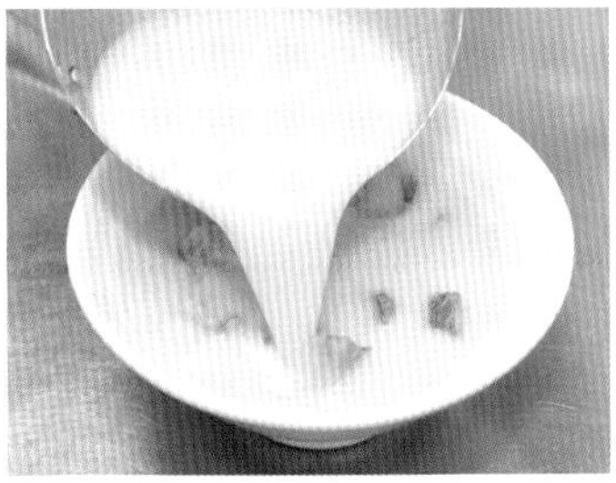

叉燒蓋飯的叉燒浸泡在加熱後的豚骨湯頭內，讓其膨脹後再裝盤。

最後淋上常溫雞油，再撒上黑胡椒。雞油也是使用壓力鍋製作而成的。

叉燒蓋飯 350日圓

在白米飯上放上蔥白細絲，在其上放上使用豚骨湯頭加熱的叉燒。淋上醬油調味汁，淋上雞油，撒上黑胡椒。使用豚骨湯頭加熱過的叉燒十分多汁，很下飯。

東京
音羽

MENSHO

■地 址／東京都文京区音羽1-17-16 中銀音羽マンシオン101
■電 話／03-3373-0331 ■營業時間／11時～15時、17時～21時
■公休日／星期一、星期二

直接在店內磨麵粉
實現Farm to Bowl
的拉麵

現磨小麥沾麵 1000日圓

本款沾麵使用岩手縣產的「雪之力」小麥從粗製小麥現磨成麵粉再製作麵條，香氣四溢。沾麵的醬汁採用將「岩手鴨」湯頭與由小豆島「鶴醬」、船橋產蛤蜊、沖繩「命御庭」鹽製成的醬油調味料混合製成。鴨肉使用低溫加熱，再放上高麗菜、海帶芽芯作為配料。能夠感受到小麥本身的口感與芳香，讓客人享受現磨麵粉特有的風味。真的是一款讓人「實際感受」飲食這件事的料理。

“向客人說明吃法，讓客人先品嚐麵條的風味、小麥的風味”

向客人說明首先是沾超軟水溫泉水「薩摩奇跡」，接著沾「命御庭」鹽，沾過這些後再沾醬汁食用。分成3階段享受美味，為沾麵帶來嶄新的吃法。

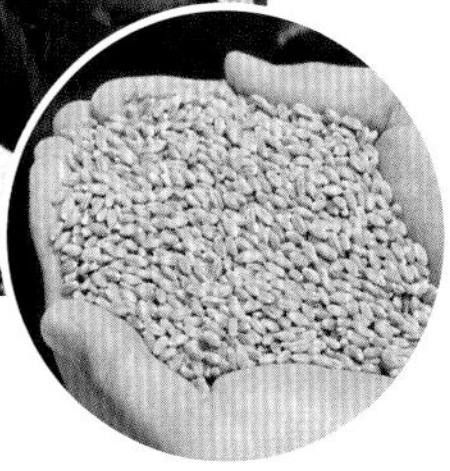

在店內研磨麵粉可以清楚看見粗製小麥的品質，還可依據不同硬度調整石磨的研磨速度。

◎沾麵用的鴨湯

將「岩手鴨」與「薩摩奇跡」水以1比1的比例混合，跨時兩天時間慢慢熬煮5小時後完成。濃縮精華帶來的醇厚鴨湯。

◎鴨油

將「岩手鴨」的油脂放入加了湯汁的深底湯鍋中熬煮，將浮上來的最上層的油撈起來。之後立即急速冷凍保存。每次客人點餐後再加入調理。

將生產者的感情融入拉麵內！以自製的麵條作為最大武器

『MENSHO』的理念是「Farm to Bowl（從農場到餐桌）」。直接前往日本國內產地選擇食材製作拉麵提供給客人，以「連接生產者與客人」為目的。最引人注目的是以岩手縣產的「雪之力」粗製小麥為首的小麥。「麵粉在磨成粉後會隨著時間流逝而氧化，如果在店內使用粗製小麥研磨出每次需要的麵粉量的話，客人就能品嚐到新鮮的小麥美味。」株式會社麵庄的董事長、拉麵創作者庄野智治先生這麼說。透過設置製麵室，實現了為日本國內的所有集團店鋪提供現磨麵粉製成的麵條，以求凸顯出與其他拉麵店的不同。

讓客人可以品嚐到麵條的芳香與口感的「現磨小麥沾麵」，從水、鹽、沾麵醬汁3個階段讓客人感受小麥的美味。「潮拉麵」則是裝盛在特製容器內帶出優美外觀，藉由「讓人想PO上網」引發連鎖反應，吸引更多客人。

此外，使用日本國內的嚴選食材，還飽含著庄野先生的如下願望：「就像有對食材十分講究的餐

潮拉麵 1000日圓

源自「想透過一碗拉麵表現出西式全餐般的樂趣」的想法而精心製成的料理。麵條為使用30%「雪之力」小麥自家製麵粉與70%「春よ恋」麵粉（北海道）混合而成。湯頭混合鯛魚與扇貝2種魚貝類熬製而成，鹽味醬汁則使用以小魚乾為基底的5種魚貝類乾貨、6種日本產鹽。加入扇貝與牡蠣調製的香味油帶來魚貝類的奢華風味。

與結合3D技法與傳統技法的「secca」共同開發、相結合耗時半年製成的盤子。活用凹凸感，打造出傾斜度，邊緣也可裝盛料理，香氣還會順著盤子漂向客人的設計。

低溫調理製成的當日宰殺的大山雞雞胸肉、鮪魚餛飩、海帶芽芯。盤子邊緣裝飾著油封碳化蔥粉末扇貝、烏魚子粉末。

廳一樣，我也想提高拉麵店對於食材的重視。親自前往產地，成為生產者的介紹人，以拉麵這一形式將該知道、該傳達的食材保留下去是非常重要的。」

『MENSHO』是所有店鋪的據點。是所有策劃的發信店

該店還同時具有作為國內外各店據點的機能。41坪的樓層內，設置了調理場、製麵室、辦公室，從店內可以總攬全局。縮短各個設施之間的距離，可以掌握周圍的行動，成為提升員工效率的原動力。為了確保優質的品質，集合體是非常必要的，為此選址定在位於市之谷店與新宿店中間地帶的音羽。作為員工培訓場所也可以總體進行支援，還具有方便製造和配送麵條與拉麵使用的材料這一優點。

近年來在外國人中也流入了「UMAMI（令人愉快且美味可口的味道）」這一觀念，而拉麵是最適合傳達「UMAMI」的。該店的外國客人也很多。美國舊金山店的運營也十分順利，2號店也將設置石磨與製麵機，顯示了該店將進一步拓展海外市場的決心。

“店內的牆壁上貼著與舊金山店相同的資訊”

1. 16坪的店內充滿時尚新穎的明亮印象。裡面設置裝有玻璃窗的製麵室與辦公室。 2. 以英文解說麵條、湯頭、醬汁、油、配料等5大拉麵的構成要素。 3. 向外國客人解說日本引以為傲的「UMAMI」很有效果。 4. 「Farm to Bowl（從農場到餐桌）」，縮短生產者與客人之間的距離。

◎鹽味醬汁

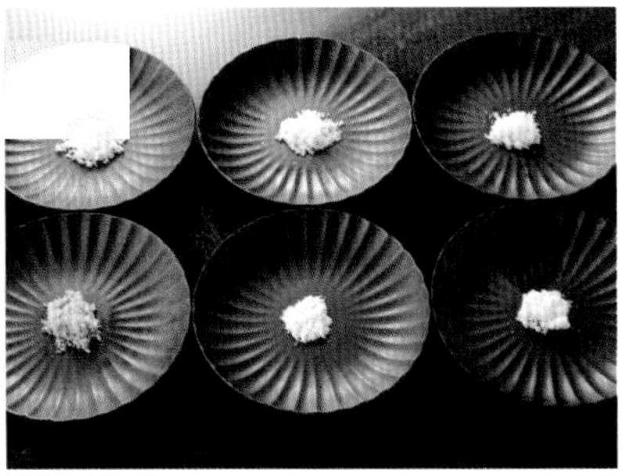

從左起按順時針方向，分別為伊豆大島「HAMANE深層海鹽」、石川「輪島鹽」、「能登珠洲鹽」、新潟「玉藻鹽」、沖繩「命御庭」、「SHIMAMA-SU（シママース）」。以小魚乾為基底，算好該加入的時間與分量後加入扇貝、乾蝦、昆布，熬煮3日製成。

◎潮拉麵用湯頭

混合由鯛魚熬煮出的湯頭與扇貝・昆布湯頭製成。因混合後味道會變化，因此在提供給客人前才混合加熱。此時才將雜質去除再提供給客人。

選址位於距離最近的「護國寺站」徒步1分鐘路程。面向大馬路，該店作為據點向其他分店配送材料也很方便，這也是決定選址的重要原因之一。

製麵室的溫度和濕度嚴格控制在溫度22℃，濕度50％以內，在這裡進行所有分店的製麵和製粉工作。可24小時運作，確保了能夠及時提供現磨麵粉。

東京
上十条

煮干そば 流。

■地 址／東京都北区上十条1-13-2 ■電 話／03-6454-3983
■營業時間／11時～23時、星期六・星期日・國定假日：11時～21時（不過若食材售完則會提前關門）
■公休日／星期二

樸素的外表
卻以濃郁的湯頭與極具衝擊力
的麵條口感大獲好評！

小魚乾湯麵 750日圓

重視傳統式的常見拉麵外觀。小魚乾湯頭使用3種鮮甜的苦蚵仔（2種為背黑，1種為柔軟優質的白口）、還有鮮甜的沙丁脂眼鯡、沙丁魚。以豬大腿骨與豬腳等最小限度的動物系材料為基底，再加入小魚乾，以及鯖魚片、柴魚片、秋刀魚片等的鮮甜。為了激發出濃郁風味，放置1～2天後再使用。麵條為與濃厚湯頭十分相配的自製中粗捲麵。

“以小魚乾湯頭與類似烏龍麵的麵條搭配”

使用大成機械工業的製麵機製作的自家製麵條。麵條只有1種，以烏龍麵使用的中筋麵粉為主，再配合準高筋麵粉，帶出類似烏龍麵般的彈性。

每次收到小魚乾後會先品嚐味道，再依據不同味道改變配方。使用功能不同的多種小魚乾，防止味道改變。

◎湯頭

疊合多種小魚乾與魚乾風味製成湯頭，提高了鮮美度。以最小限度的動物系材料為基底。

◎小魚乾油

以植物油將小魚乾加熱至最適合的溫度，激發出小魚乾的香氣與鮮味。

◎叉燒

將在熬煮湯頭時一起煮過的豬五花和豬肩里肌浸泡在八角風味的湯汁中。提供給客人時再以噴槍炙燒。

加入多種小魚乾 達到味道均質化

位於東京上十条的『煮干そば流。』是由在『肉煮干中華そばさいころ』等處修業並積累了豐富經驗的手塚勇佑先生獨立開的店。因為「想開一間具有下町氣息的拉麵店」而採用傳統的裝盤，並希望具有小魚乾的衝擊力，讓客人吃不膩。

菜單為「小魚乾湯麵」、「油拌麵」、「沾麵」、「辣味沾麵」等不定期料理，還有「夏狸麵」等限定菜單。此外，只有「小魚乾湯麵」和「沾麵」加入了豬油，帶來濃郁口感。

每款拉麵使用的都是小魚乾湯頭。小魚乾使用十分鮮美的3種苦蚵仔（2種背黑和柔軟優質的白口），再加入鮮美的沙丁脂眼鯡與沙丁魚。手塚先生說明：「不同的時期和產地，會使得小魚乾的脂肪厚度和口感會有所不同。為此每次都會重新嚐過味道再改變配方，不過因為使用了多種小魚乾，因此能夠防止味道改變。」

支撐這種小魚乾湯頭風味的是使用豬大腿骨、豬腳、叉燒用的豬五

油拌麵（中份）
700日圓

受學生和女性歡迎的一碗拉麵。有中份170克、大份250克、特大份350克等3種選擇。碗內加入自製豬油、醬油調味汁，再放入煮好的麵條和配料，最後再以小魚乾油提升風味。麵條使用中等粗細的捲麵，煮2分半鐘。濾水時不濾太多，使其與醬油醬汁和香味油充分調和。另外還會使用高湯兌一下醬油調味汁作為配湯一起端給客人。

花和豬里肌等最低限度的動物系材料熬煮的湯頭基底。接著和小魚乾湯頭混合，最後再加上鯖魚乾片、柴魚片、秋刀魚乾片等乾貨類增添鮮美。

以湯頭的最上層湯汁製成的自製豬油，僅用最上層湯汁會過度凸顯出小魚乾的風味，因此會加入一定比例的純正豬油。此外再加入將小魚乾以植物油用最適合的溫度加熱製成的小魚乾油，全面展現了小魚乾的風味。

類似烏龍麵的彈性自家製麵條

麵條為在店內自製的中粗捲麵。以製作烏龍麵使用的中筋麵粉為主，混合拉麵用的準高筋麵粉，表現出類似烏龍麵的滑溜感與彈性。為了提高製麵的效率，只製作一種麵條。並透過改變煮麵時間來區分使用，拉麵的煮麵時間為2分半，沾麵的煮麵時間為4分不到。

外觀雖然是樸素的普通拉麵，但也加重了濃郁或清爽的後味等現代風味，是能讓人印象深刻的拉麵。吸引了附近居民和喜愛拉麵的遠來客人，成為一間大排長龍的人氣店鋪。

1.選址面向鐵路，靠近車站，因位於狹窄的小巷中所以行人很少。雖然路不好找，但還是有很多特地從遠方造訪的客人。 **2.**店鋪面積9坪不到。設置了製麵室和8個座位。 **3.**還設置了從JR十条站的月台也能夠看見的招牌。這是因為店鋪地址不是很好找，所以為了搭乘電車前來的客人而特地設置的。 **4.**附近的上班族、居民、學生在午餐時刻會排隊。平日與週末的銷售額並無太大變化，不過週末從遠方前來的拉麵熱愛者有所增加。

油沾麵（中份） 830日圓

湯頭與沾麵一樣，麵條與「小魚乾湯麵」一樣。為了使麵條吃起來清爽，沾麵醬汁活用甜味與酸味，加入了一味唐辛子、黑胡椒提味。筍乾、洋蔥、魚板等配料切成長方塊，放入沾麵醬汁中。另外也加入煮湯頭時一起熬煮的豬油，大幅增加了濃郁與甘甜。

讓沾麵也可以選擇「濃郁」口味

使用熬煮湯汁時一起熬煮過的豬油，用網子搗碎過濾後加入沾麵醬汁中。由此自然表現出顆粒感。

沾麵醬汁加入了筍乾、蔥白細絲、洋蔥、魚板、叉燒等配料。叉燒只使用豬肩里肌。叉燒和魚板都切成長方塊，便於食用。這個品項同時提供是否加入豬油的濃郁及清爽兩種口味選擇。

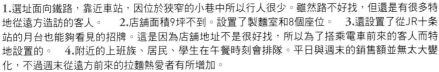

大阪
玉造

椋嶺 KURAGANE

■地 址／大阪府大阪市東成区東小橋1-1-6　■電 話／06-6977-0800
■營業時間／11時～15時、17時30分～22時
■公休日／無休

人氣拉麵店的新展開
味噌×天婦羅的異色合作

椋嶺拉麵 經典款 870日圓

該店現在共有3種拉麵，這款是基本型。在各自將米、麥、豆類等味噌混入製成的味噌湯頭中，加入天婦羅、伊勢產黑海苔等配料，為了與口感滑順的湯頭搭配，麵條使用ミネヤ食品生產的丸刃中細直麵。將2種天婦羅比作伊勢二見的夫婦岩，將番茄比作朝日等，充滿玩趣的外觀也十分有趣。最後撒上奉納伊勢神宮的「岩戶鹽」後再提供給客人。

在吧檯席入座後，廚房正中央的正宗天婦羅鍋就會立刻映入眼簾。完全不用事先炸好的天婦羅，都是客人點餐後才現炸。坐在由8個座位構成的吧檯席上，感受在眼前炸天婦羅的臨場感，讓客人透過五官來感受的演出更加提高了滿足感。

天婦羅有鹽麴醃漬的松阪豬肉與雞腿肉兩種。兩種都在天婦羅粉內添加了起司，因此起司會溶解在湯頭內，帶來濃郁口感，一開始吃的時候很清爽，到了後半部分則出現濃郁的風味，讓客人可以享受風味變化的樂趣。

大量使用地產地銷食材

結合從暗越奈良街道出發，以伊勢神宮為目標這一主題，食材也十分重視地產地銷。使用大阪的「大源味噌」、三重的「松阪豬肉」、三重・伊勢的「黑海苔」、三重的「岩戶鹽」等極其講究的食材。此外位於伊勢參拜途中的生駒暗越在以前被稱為「椋嶺」，因此將店名取作「椋嶺」。

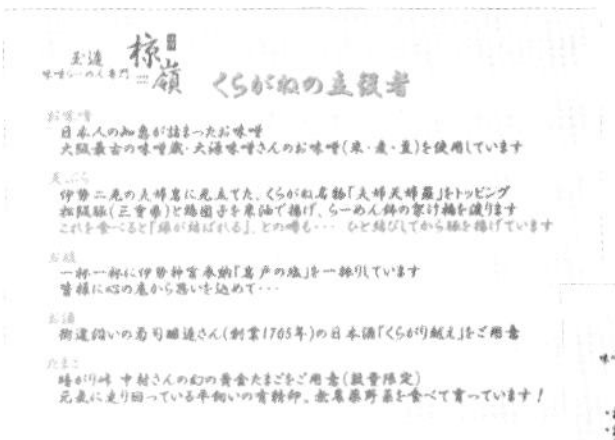
玄道 味噌らーめん専門 椋嶺

くらがねの立役者

お味噌
日本人の知恵が詰まったお味噌
大阪最古の味噌蔵・大源味噌さんのお味噌(米・麦・豆)を使用しています

天ぷら
伊勢二見の夫婦岩に見立てた、くらがね名物「夫婦天婦羅」をトッピング
松阪豚(三重県)と鶏団子を米油で揚げ、らーめん鉢の架け橋を渡ります
これを食べると「縁が結ばれる」との噂も… ひと結びしてから豚を揚げています

お塩
一杯一杯に伊勢神宮奉納「岩戸の塩」を一振りしています
皆様に心の底から想いを込めて…

お酒
街道沿いの菊司醸造さん(創業1705年)の日本酒「くらがり越え」をご用意

たまご
暗がり峠 中村さんの幻の黄金たまごをご用意(数量限定)
元気に走り回っている平飼いの有精卵、無農薬野菜を食べて育っています!

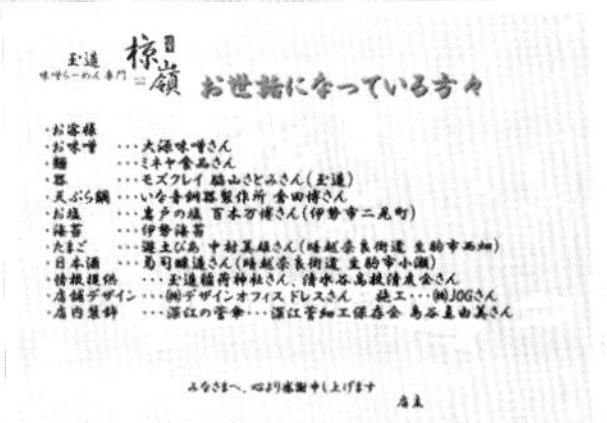
玄道 味噌らーめん専門 椋嶺

お世話になっている方々

・お客様
・お味噌 …大源味噌さん
・麺 …ミネヤ食品さん
・器 …モズクレイ 脇山さとみさん(玄道)
・天ぷら鍋 …いな妻銅器製作所 金田博さん
・お塩 …岩戸の塩 百木万博さん(伊勢市二見町)
・海苔 …伊勢海苔
・たまご …誕生びあ 中村英雄さん(暗越奈良街道 生駒市西畑)
・日本酒 …菊司醸造さん(暗越奈良街道 生駒市小瀬)
・情報提供 …玄道稲荷神社さん、清水谷高校清鹿会さん
・店舗デザイン …㈱デザインオフィスドレスさん 施工…㈱JOGさん
・店内装飾 …深江の菅傘…深江菅細工保存会 島谷真由美さん

みなさまへ、心より感謝申し上げます
店主

菜單也飽含店家的真情，對各種食材的說明、食材生產者等進行了詳細的解說。

使用地產地銷食材製成 對身體大有好處的味噌拉麵

因主打醬油風味拉麵的「大阪黑拉麵」而成為聞名全日本的金久右衛門。作為醬油拉麵專賣店的該店現在已經成為代表大阪的拉麵店，作為第二品牌於2017年6月開設的味噌拉麵專賣店就是這間『椋嶺』。「以日本享譽世界的發酵調味料味噌為主角，想製作出顛覆拉麵＝垃圾食物印象的健康拉麵。」店主大藏義一先生這麼說。

最講究的是如何激發出食材的味道。為了發揮味噌本來的風味，與金久右衛門完全切割，重新研發了該店用的湯頭與配料。味噌混合使用大阪最古老的味噌藏「大源味噌」製作的豆味噌、麥味噌、米味噌。豆味噌濃郁、麥味噌甘甜芳香、米味噌則溫潤。湯頭不僅加入雞骨架、昆布、柴魚片，還採用優質油與醇厚濃郁的秋刀魚乾片。再加入鹿尾菜油作為香味油。該店製作了各式各樣的香味油，而這次是第一次使用海藻。先以味噌醬汁＋魚貝類湯汁製作出單純的味噌湯頭，再添加香味油醞釀出海潮的香氣，完成立體的口味。

“也將充滿故事性的拉麵活用到店舖設計中”

據說店舖所處位置曾是暗越奈良街道的起點，那裡建造了兩間茶館，十分熱鬧。外觀雖然仿造以前的茶館氛圍，卻採用沉穩的單色系帶出日式時尚。牆壁上裝飾著當時街道樣貌的繪圖，還設置了畫著拉麵麵條的看板，遠遠看去是十分引人注目的嶄新設計。

店舖的旁邊立著「二軒茶屋石橋遺跡」的石碑。從大阪方向前往暗越奈良街道的入口就在這附近，店主大藏先生說就是看見了這個石碑才決定了現在的店舖概念。

椋嶺越純米酒 550日圓
豆腐味噌漬 150日圓

因位於暗越奈良街道的起點，因此還準備了以此冠名的日本酒。為了讓客人能體驗與日本酒一起品嚐酒餚和天婦羅後再以拉麵收尾這一享受方式，也在考慮今後要增加酒餚。

與沉穩的外觀不同，店內使用繽紛的彩色玻璃帶出明亮空間。但是中央裝飾著表現出大阪古老氛圍的照片，帶來與店舖外觀形象的統一感。內部是面積6.7坪（其中一半為廚房）、8個吧檯席的狹小空間，不過開放式廚房的設計，讓整體並無壓迫感。餐券機設置在店內入口附近。

以極具衝擊力的裝盤 昇華出讓人印象深刻的一碗拉麵！

配料的主角不是叉燒，而是天婦羅。使用簪子將天婦羅串起來，與充滿日式風情的本款拉麵也十分相配，不僅比較少見，且模擬出「伊勢二見夫婦岩」的樣貌。

此外，因該店所在的玉造，曾是伊勢參拜街道之一的暗越奈良街道起點，因此大量使用與街道頗有因緣的地產地銷食材也是該店特徵之一。以湯頭中的大源味噌為首，還有三重松阪豬肉天婦羅以及配料中使用三重・伊勢產黑海苔等，呈現出拉麵本身就是「食物的歷史街道」這一點也很獨特。這樣充滿樂趣的演繹充分傳達給了客人，極具衝擊力的外觀以及拉麵與天婦羅的獨特搭配也大受歡迎，以社群網站為中心，好評不斷提高中。

雖然開業才幾個月，每天來店人數就多達200人，人氣不斷攀升，成為「就算排隊也要吃到」的人氣店舖。

特別款椋嶺拉麵 1180日圓

特別款的拉麵與經典款相同，附加另外附上的兩種天婦羅與水煮蛋。因店舖在鶴橋附近，因此另外附上的天婦羅改為綜合內臟。考慮到方便食用這一點，內臟切細後再炸，因此每次咀嚼都會充滿美味，因此回點率也很高。蔬菜選用的是當季蔬菜，今後也在考慮積極使用在地產蔬菜，比如玉造黑門越瓜等難波傳統蔬菜。

咖哩風味椋嶺拉麵 920日圓

為了確保味噌拉麵的湯頭能讓客人順口地喝到連最後一滴都不剩，如果加入了市售咖哩製品的話味道就會沒那麼好。於是研發出了在橄欖油中加入香料來醞釀出咖哩風味這一點子。在橄欖油中加入孜然、牙買加胡椒、咖哩粉等提升風味與香氣。另外裝盤，讓客人可以吃到一半再加入，讓風味不會過於單調，享受味道變化之趣。

自製辛香提味料
提升味噌風味

桌上備有柚子七味粉、蒜頭片、鷹爪辣椒、麻辣醬等調味料和提味料。麻辣醬是在味噌中加入青辣椒、花椒製成的自製糊狀提味料。吃到一半再加入拉麵中，香麻的花椒更加凸顯出味噌的風味，更添香氣，讓人享受到別具一格的口味，極具人氣。

東京
大塚

生粋 花のれん

■地 址／東京都文京区大塚3-5-4 茗荷谷ハイツ1階　■電 話／03-5981-5592
■營業時間／11時30分～21時、星期日與國定假日為11時30分～20時
■公休日／星期四

不論是帶著孩子的父母還是獨身一人的女性都給予好評，1日售出140碗

特製醬油拉麵　1000日圓

將比內地雞、青森軍雞、黑薩摩雞、近江軍雞等4種全雞與雞骨架等，以94℃熬煮，萃取出甘甜湯汁。最後再加入使用花蛤仔、蜆仔、蛤蜊製成的貝類湯汁。醬油調味汁以小豆島山六醬油的天然二段熟成醬油與濃口醬油為中心，不足部分再以生醬油和二段熟成醬油補足。叉燒則使用白醬油醃漬後燻製而成的豬里肌叉燒、與同樣以白醬油醃漬再現點現做、蒸熟膨脹的豬五花叉燒。

◎豬里肌叉燒

在紅醋中醃漬2日後再以低溫燙過，放入白醬油中醃漬2日。燻製後使用烤箱烘烤。切薄片，類似火腿的口感極具特色。

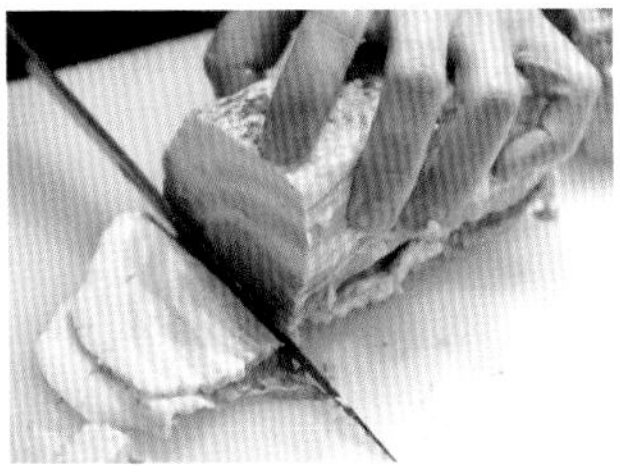

◎豬五花叉燒

在日本酒中醃漬2日，熬煮1個半小時。再放入白醬油中醃漬半日，切塊後利用煮麵機的蒸氣蒸熟，膨脹後作為配料放在麵上。

在碗中加入醬油醬汁，再放入雞湯與配料湯汁。最後再淋上茨城柴沼醬油釀造的生醬油。

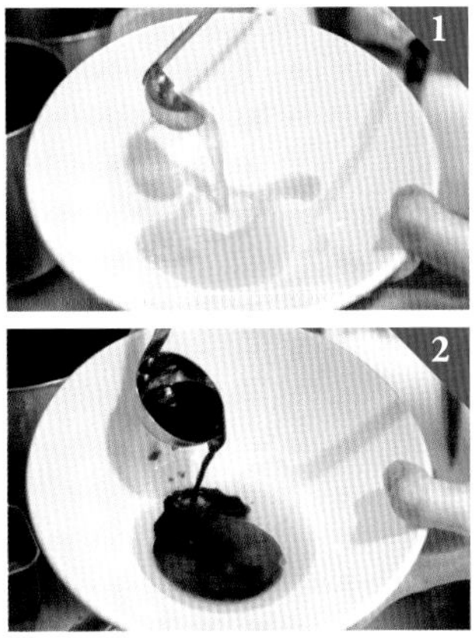

在比內地雞的皮熬煮出的雞油中加入湯頭最上層的湯汁與豬油混合。

“6成客人為女性！將當季蔬菜加入經典人氣菜單中”

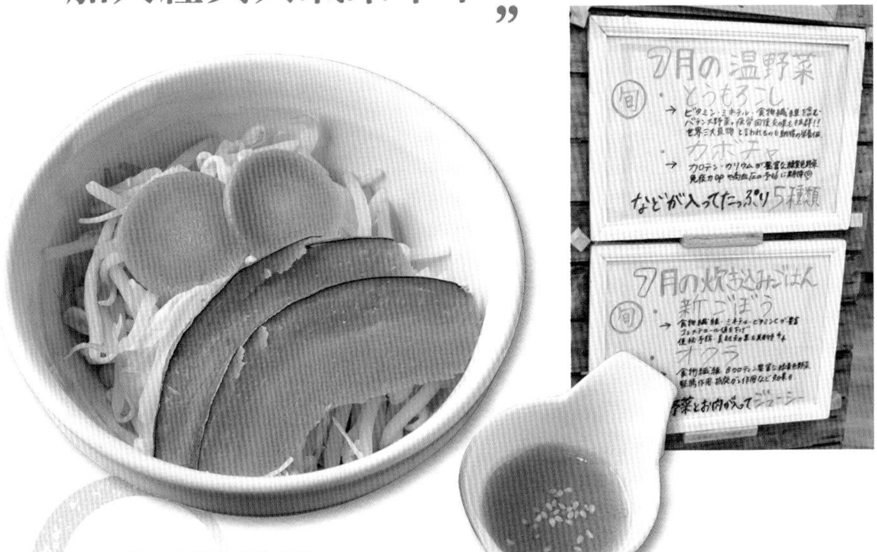

當季溫蔬菜 200日圓

將每月更替的蔬菜汆燙而成的單品。作為配菜也不錯，不過也有很多人會在吃麵之前吃，發揮「先吃蔬菜」的飽足感效果。使用鹽味醬汁、洋蔥泥、蘋果醋等製成的自製調料也大獲好評。

在雞高湯內加入貝類湯汁加強鮮美度

位於東京茗荷谷的『生粋 花のれん』吸引帶著孩子的客人、獨身一人的女性客人前來，是間1日售出140碗拉麵的人氣店舖。經營本店的是奧中俊光與奧中宏美夫婦。

奧中俊光先生說：「為了讓重視健康的女性客人、重視飲食安全的父母親也都能夠安心來店，因此盡可能製作使用日本產食材的無化學調味料拉麵。」

作為基底的雞湯使用整隻比內地雞、整隻青森軍雞與雞大骨、還有雞骨架、黑薩摩雞與近江軍雞骨架，以94℃熬煮出高湯。再與使用花蛤仔、蜆仔、蛤蜊製成的貝類湯汁在麵碗內混合，加強了鮮美度。

雞油除了使用比內地雞的皮熬煮出的雞油之外，還加上湯頭最上層湯汁與豬油，增加了濃郁與甘醇。

醬油調味汁使用小豆島的山六醬油出品的天然二段式發酵釀造「菊醬」與濃口醬油「鶴醬」為基底，再以群馬岡直三郎商店的「日本第一醬油 二段熟成」補充不足部分。最後使用茨城柴沼醬油釀造的

溏心蛋鹽味拉麵
900日圓

基底湯頭為雞高湯與貝類湯汁混合製成。鹽味調味料使用以沖繩產鹽為主的5種鹽，再以3種白醬油、鹽麴、赤酒添加甘甜成分。溏心蛋使用栃木產的那須御養雞蛋。在香川產的有機濃口醬油與魚貝類湯汁中醃漬，為溏心蛋帶來充滿十足樂趣的調味。此外竹筍也是使用日本產，追求飲食安心與安全。

下功夫為店內帶來方便食用＋氛圍輕鬆的設計

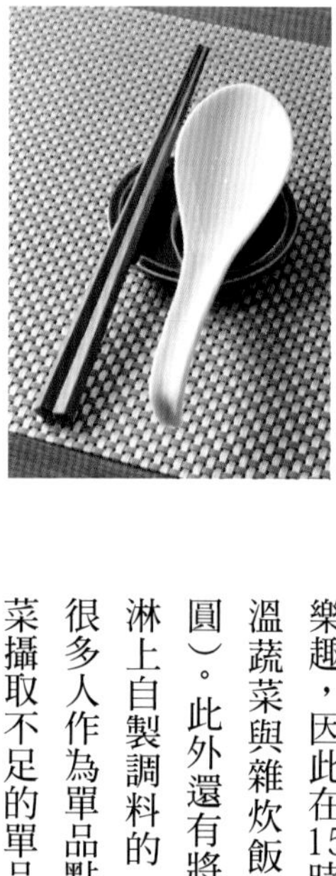

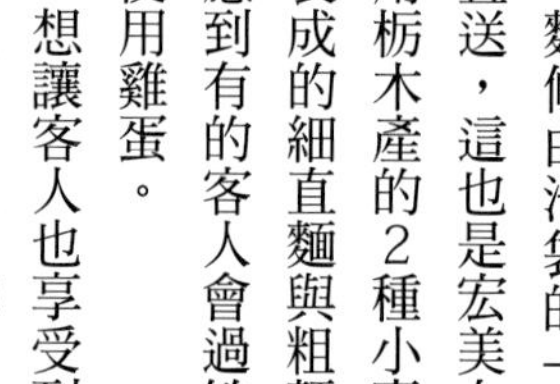

因為有很多帶孩子來的客人，所以在餐桌上設置了以照片說明每一樣食材的食材說明書。此外因為很多女性喜歡使用湯匙盛麵吃，所以採用的是偏大的湯匙。這些貼心的設計為該店贏得了粉絲們的心。

生醬油「紫峰之滴」，不過因為生醬油加熱後香氣會減弱，因此在最後才淋上少量。可讓客人在吃第一口的時候就能感受到醬油的香氣。另一方面鹽味醬汁則使用以沖繩產為主的3種鹽，再以白醬油、鹽麴、赤酒增加鮮甜度。

費時費力做成的2種叉燒極具人氣

配料叉燒也很有特色，使用低溫調理的豬里肌與熬煮的豬五花兩種肉。豬里肌使用赤酒醃漬2日，再以白醬油醃漬2日，之後再燻製，花費數日製成，大大提高了價值。

麵條由池袋的「山口屋製麵所」直送，這也是宏美女士的娘家。使用栃木產的2種小麥並以天然鹼水製成的細直麵與粗麵2種麵條。考慮到有的客人會過敏，因此麵條不使用雞蛋。

想讓客人也享受到和麵一起吃的樂趣，因此在15時之前為客人提供溫蔬菜與雜炊飯套餐（350日圓）。此外還有將當季蔬菜汆燙後淋上自製調料的「溫蔬菜」，也有很多人作為單品點餐，作為解決蔬菜攝取不足的單品也十分有人氣。

3

2

1

奧中俊光與宏美夫婦兩人皆擁有在拉麵店修業的經驗。俊光先生說：「她比我更具有職人氣質。」

1.選址位於東京茗荷谷的春日通。可將店內情況一目了然的設計讓客人能自在地進入，也有很多獨自一人前來的女性客人。 2.店內空間清爽寬闊。不僅準備了一家人可以入座的餐桌席，也有單人取向的吧檯席。 3.午餐時間會大排長龍的人氣店舖。夏天時為了在店外排隊的女性客人，還準備了陽傘與扇子等，服務周到貼心。

叉燒飯 300日圓

活用豬里肌叉燒的多餘部分製成的小菜。客人點餐後將切好的豬里肌使用醃過蒜頭與蘋果的沙拉油炒過，放在加入了發芽玄米煮成的米飯上。再淋上醬油醬汁、提味料。提案出這款可與米飯一起品嚐的料理，提高了客人消費單價。

鯛魚昆布水沾麵 900日圓

為了讓麵條更容易散開且增加湯頭鮮美度，將麵條浸泡在冷湯汁中製成的夏日限定料理。將昆布高湯與煎過的鯛魚頭混合熬煮，加入鯛魚尾與骨頭熬煮而成的湯汁。再放上在鹽味醬汁與魚貝類湯汁中醃漬過的小松菜醃菜。麵條為北海道產小麥加上全麥麵粉製成、嚼勁十足的粗麵。

東京
王子

麵屋 坂本01

■地 址／東京都北区王子3-8-6
■營業時間／11時～14時30分、星期六・星期日・國定假日：11時～15時
■公休日／星期一

一枚硬幣即可享受超值美味 雖遠離車站卻吸引了眾多客人

中華湯麵　500日圓

為了降低成本，湯頭使用以製作叉燒時的豬肩里肌湯汁為基底，加上雞骨架、雞胸肉、洋蔥、芹菜葉一起熬煮成的高湯。將雞肉去皮熬煮，盡量不要熬出雞油，在麵碗內加入牛油使其更濃郁。將放在篩網內煮好的麵條整齊地盛放在碗內。麵條上再加上2片叉燒，很多客人都驚歎：「完全想不到是500日圓的拉麵耶！」最後在洋蔥末上撒上現磨花椒，香氣的提味凸顯了特色。

“精細的製作，提高了第一印象的好感度”

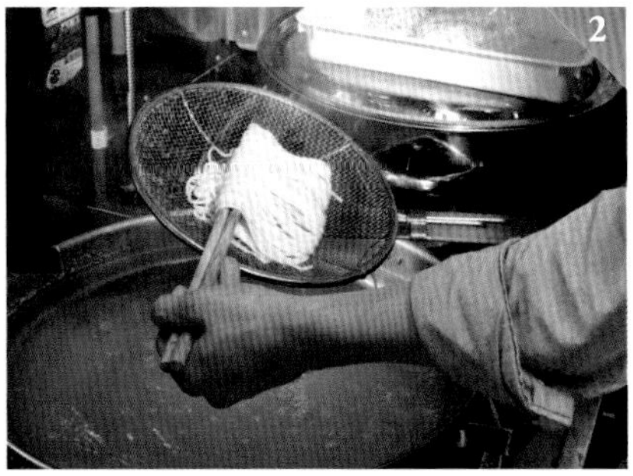

1.讓麵條在熱水中一邊對流一邊煮2分鐘，其後把熱水中的麵在1分鐘內條理整齊。
2.使用篩網一口氣將麵條撈起，瀝乾水分。用筷子將麵條理順並快速瀝乾。
3.將麵條滑入麵碗中。使用訂製的偏短麵條，因此比較容易排得很漂亮。
4.用長筷將折疊的麵條之間挑鬆一些，調整為麵碗的寬度。
5.描繪出直麵帶來的優美曲線，並在上面放上配料。

◎麵條

低加水中粗直麵。150克，量偏多。特別訂製女性容易吸入的偏短麵條。不接受客人希望煮得偏硬的點餐。

◎湯頭

將製作叉燒的豬肩里肌熬煮90～110分鐘之後，再加入雞骨架、雞胸肉、洋蔥、芹菜葉，以小火熬煮2～4小時製成的高湯。

◎花椒

將和歌山紀州花椒專賣店「山本勝之助商店」（商號かねいち）的花椒撒在洋蔥上。增添重點和清爽的香氣。

◎醬油調味汁

混合醬油、粗粒砂糖等調味料加熱後製成。使用市面上普遍流通的調味料。和牛油一起加入湯頭中，用帶手把的湯鍋加熱。

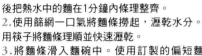

挑戰不增加食材 而是試著「減少食材」

店主坂本直生先生為了實現學生時代的夢想，在2017年4月開設『麵屋 坂本01』。店鋪理念正式形成是在朋友介紹了空了2年的前大阪燒店面之後。位於距離最近的王子車站徒步10分鐘的住宅社區，附近沒有任何飲食店，雖然也曾以地域密集型店舖作為理想目標，但坂本先生感覺「如果在這個地方開店的話，一枚硬幣就可以讓客人吃到拉麵」，因此馬上決定開業。坂本先生修業時代的拉麵店一直堅持為客人提供500多日圓一碗的拉麵，這對他現在的拉麵定價也有所影響。

想要以500日圓提供給客人就必須控制成本。基於這點，不使用豬大腿骨和全雞，而是使用以中火煮叉燒用的豬肩里肌時的湯汁為基底。再與雞骨架、雞胸肉混合熬煮。嘗試了各種香味蔬菜後選擇的是洋蔥與芹菜葉。將雞胸肉去皮熬煮且盡量防止煮出雞油，再使用牛油提升香醇度。麵條上放著2片叉燒，為客人提供「完全想不到是500日圓的拉麵」，此外也在作

特製餛飩麵 900日圓

麵條、湯頭、調料與「中華湯麵」相同。加入了7個豬肉末餛飩。餛飩內加入了生薑，因此配料不使用洋蔥末，而是改為筍乾與現磨花椒。清爽的香氣令人印象深刻。分量很足，即便是男性客人也能夠獲得飽足感。也有客人會追加「叉燒肉配料」（300日圓）。

為配菜的洋蔥末上撒上現磨花椒，提升拉麵香氣。

雖然店鋪位於比較難找的地方，但看了推特（Twitter）後從遠處前來的客人也在增加，附近居民的回頭率也在不斷提升。

現在只有白天營業，8個座席一天銷售80碗，這也是該店1天的銷售目標。成本率30％左右。

『麵屋 坂本01』的01是開始之意，映射出剛站在起跑線的自己

坂本先生曾從事與拉麵不同領域的服裝行業，拉麵店也是開業才一年的新手。坂本先生說：「我的經驗和知識都還不足。因此也向進貨商傳達出自家拉麵的形象，請他們幫忙選擇適合的食材。畢竟他們是這方面的專家嘛。」提到今後的目標，坂本先生說：「現在夜間也開始營業了，希望當地居民能夠多加利用。但是我也不想太著急，還是按自己的節奏一步一步慢慢來吧。」雖說如此，但是從與多店舖進行合作的企劃、鹽味拉麵限定發售等，也能看出他展示了想挑戰新事物的決心。

店主坂本直生先生（左）。從服裝行業跨界到拉麵業。曾擔任銷售員，不過為了實現學生時代的夢想，在拉麵店修業2年。2017年4月『麵屋 坂本01』開幕。現在與修業時代認識的越南友人ZUN先生一起齊心協力合作。

“特地直接沿用持續了25年的大阪燒店外觀”

位於距離最近車站徒步10分鐘的住宅街，能作為辨識的標記僅有寫著店名的招牌。據說初次來的客人基本上都會走過頭。店內播放著爵士樂，也有Wifi可使用。坂本先生說：「與外觀的反差很有趣。」

火烤叉燒蓋飯
350日圓

1日準備約16份。叉燒淋上以醬油為主的甜辣醬汁再用黑胡椒提味。米飯使用新潟產的越光米。將1條約2公斤的豬肩里肌肉用食鹽醃漬，靜置1日後再熬煮。與「中華湯麵」相同的叉燒，現在不使用醃漬醬汁等調味，而是將醬汁和肉一起火烤的簡單料理。經常在開店時間11點多就銷售一空。

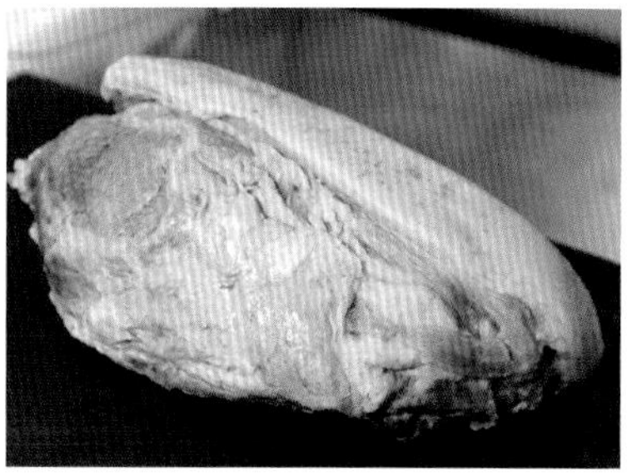

在米飯上淋上醬汁後放上4片叉燒，最後再撒上一些現磨黑胡椒。

將用醬油調味汁熬煮成的醬汁淋在叉燒上，從上方使用瓦斯噴槍火烤。淋在盤子內的醬汁也用火燻烤過，讓煙燻的香氣滲透到肉內。坂本先生說：「也許有點接近蒲燒的感覺。」

兵庫
神戶

大陸支那そば 三木Jet

■地 址／兵庫県神戸市灘区灘南通4-1-5 ■電 話／078-855-2445
■營業時間／11時30分～14時、18時～2時（最後點餐時間1時30分）
■公休日／不定期公休

不論是店內設計還是味道
都充滿了可成為話題的素材
好評不斷，持續發燒中！

香脆炸豬排Jet拉麵 850日圓

以炸豬排為配料，店內最有人氣的拉麵。炸豬排會在客人點餐後現炸。4~5片炸豬排共計約150克。為了與湯頭和炸豬排搭配，麵條選用乾燥麵，煮好後約170克。湯頭則是以雞骨架為基底，再加上豬腳、蔬菜熬煮而成的清淡湯頭。所有的拉麵上都放著以辣椒和花椒調味的豬肉末，帶來辣辣的口味。而且也可以另外加點辣椒、花椒或胡椒粉來增加辣度。

顏色鮮豔的招牌與插畫是店長宇戶應英先生花了幾分鐘時間就完成的。還可以讓客人在看板的插畫上「糾錯」。

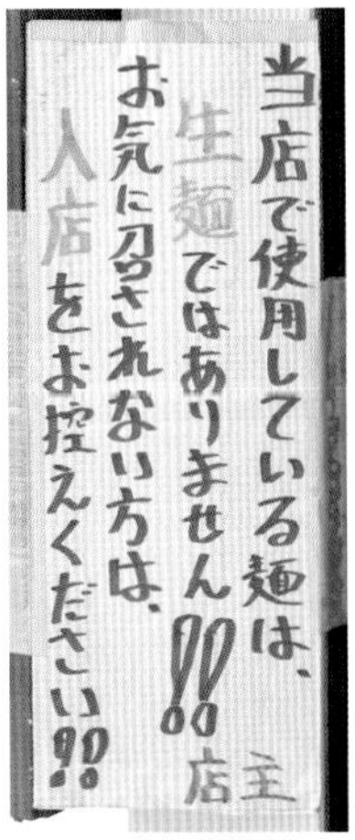

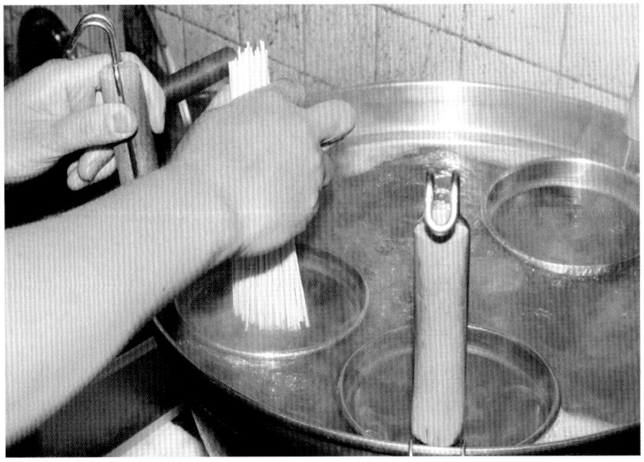

麵條使用乾燥的棒狀麵條。乾麵狀態下1人份90克。麵線長度與免洗筷差不多，是方便女性食用的長度。因為煮好後具有嚼勁十足的口感，與炸豬排十分契合，才選擇了這種麵。煮麵時間為1分30秒。會事先告知客人使用的是乾燥麵條。

“麵條・湯頭・配料都充滿津津有味的要素！”

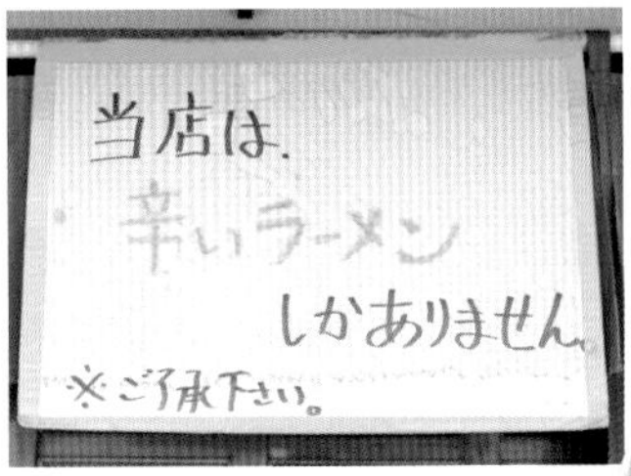

所有的拉麵都添加以辣椒、花椒提味的豬肉末，只提供辣味拉麵也是該店的一大特色。1人份拉麵上放著的肉末大概加入了3根辣椒的量。

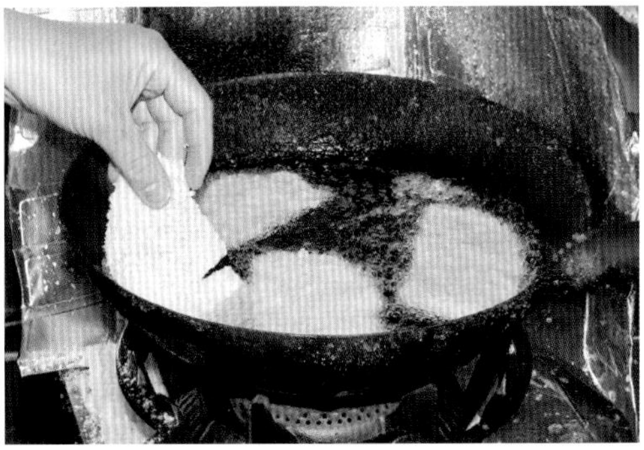

炸豬排使用易於入口的薄切豬肉。客人點餐後為防止豬肉捲縮而將豬肉去筋後再油炸，之後趁熱放在麵條上。油炸使用的是沙拉油。為了與拉麵湯頭搭配，會在塗抹麵包粉之前將麵粉進行調味。

作為配菜的素材用湯頭煮過，容易食用。照片為「燙蔬菜」（100日圓）。價格100日圓的蔬菜，量卻是一般的2倍，因此很多人點。

實際上女性客人佔3成！
「出乎意料的健康」辣味

『三木Jet』可以說是岡山鄉土料理「豬排拉麵」的進化版。有名的「香脆炸豬排Jet拉麵」外觀極具衝擊力，但味道與內容卻是以符合現代客人的需求來構思。

豬排薄切，便於食用，客人點餐後再現炸，炸得酥脆乾爽，不會油膩。為了與豬排的口感搭配，選用咬起來彈牙又有嚼勁的乾燥麵。湯頭則採用以清淡的雞骨架為基底。為了與這個湯頭搭配，會對豬排外層的麵粉進行調味。還會再放上辣味的豬肉末。辣度、湯頭的鹽分濃度比平常的拉麵低了10%～15%，但也不會讓人感覺味道不足。

作為配料的蔬菜（韭菜、高麗菜、豆芽）用湯頭煮過後再放在麵條上，易於食用，「燙蔬菜」價格100日圓卻分量加倍，有很多女性追加單點。分量為4倍的「大份燙蔬菜」（200日圓）也很有人氣。

此外還有加入竹炭粉的黑色鹽味拉麵。不僅是為了有賣點，重點還是想透過竹炭粉的排毒效果來吸引女性客人。因為與外觀的印象相

香脆炸豬排蓋飯　550日圓

作為副餐中最有人氣的飯類餐點。米飯上面放著高麗菜絲、薄切炸豬排，再淋上濃稠的醬油芡汁。炸豬排與拉麵一樣，使用現炸豬排。芡汁是使用柴魚片湯汁與雞蛋液和洋蔥混合的醬油風味。也有人和拉麵一起點。

反，「讓人覺得出乎意外的健康美味」而好評不斷，女性客人增加到了3成。

每次來店裡都能發現的店家有趣資訊也帶來好口碑

讓人感覺幽默的看板是店長宇戶應英先生只花了幾分鐘時間畫成的。外面的看板是開業一年後才安裝的，期間一直跟熟客說：「已經付過工錢了，但是還沒請工人幫忙裝上去。」當然客人會問：「為什麼？」好不容易做好的看板圖畫上有錯誤的地方可以讓大家找找看，店內還有菜單上沒有的商品擺放在櫥窗中，這樣一來客人每次來都會為問「為什麼」，總之充滿了各式吸引客人的小素材。

與充滿特色的拉麵相配合，還設計了其他各式各樣的話題素材，向客人展示了這是一間有趣的店舖，也吸引了很多遠道而來的客人。預計於2017年9月在西宮開設2號店。

“以健康的拉麵持續獲得女性客人喜愛”

桌上擺放著辣椒花椒拌炸麵球、油漬油炸蒜片、蒜末、醋。油炸蒜片最有人氣，女性客人則大多加醋。

鹽味Jet拉麵 650日圓

點鹽味拉麵的客人一般會被黑黝黝的拉麵嚇一跳，不過要的就是這個效果。黑色的拉麵是因為在鹽味調料汁中加入了竹炭粉。竹炭粉具有排毒效果，深受女性客人喜愛。這份也是辣味拉麵，辣度、湯頭鹽分濃度不會過高，從這點來看也更健康。

4坪、8個座位，忙碌的時候1日要接待100位客人。2016年5月開幕，今年9月將在西宮開設2號店。

因為該店「只提供辣味拉麵」，所以店門口放置著糖果，讓客人免費取用，吃辣後吃一些甜的糖果可以解辣。

東京
吾妻橋

拉麵 吉法師

■地 址／東京都墨田区吾妻橋3-1-17吾妻橋ハイム101
■電 話／03-6658-8802
■營業時間／11時30分～15時、17時～22時
■公休日／星期二

打卡按讚率100%！有眾多外國遊客前來品嚐的超上鏡拉麵

雞清湯綠色拉麵 900日圓

綠色的湯汁極具衝擊感。湯頭為使用精細手法製成的雞清湯，再以綠色的鹽味醬汁調味。麵條使用從KANEZIN食品進貨的多加水中細直麵，透過在店內長時間熟成帶出口感。為了不影響湯頭的口味與顏色，配料使用在薄口醬油與味醂製成的醬汁中醃漬而成的低溫調理雞胸叉燒、水煮蛋、蔥絲。

◎鹽味醬汁

使用奶油增加風味。用奶油將洋蔥與蒜頭炒過後，再加入白醬油和昆布湯汁等加熱，冷卻後過濾去除奶油部分，再以鹽調味。

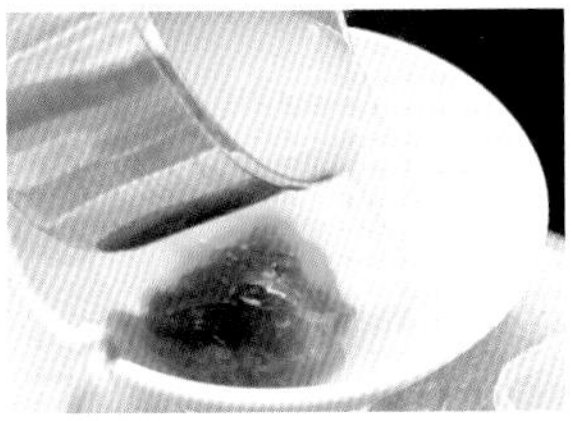

◎雞清湯

在雞高湯內加入雞腿肉肉末加熱，讓肉末吸附混濁部分，製成色澤澄清的雞清湯。因為加入了雞肉末的甘甜，帶來了優雅濃厚的口感。

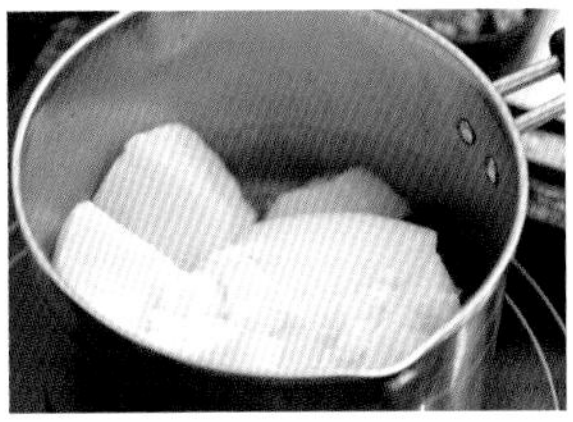

◎雞高湯

雞骨架、雞腳、香味蔬菜、玉米等慢慢熬煮10小時左右製成的濃厚湯頭。冷卻後以結凍狀態放入冰箱冷藏保存，客人點餐才加熱。

“以能為客人提供美味之外的其他亮點為目標”

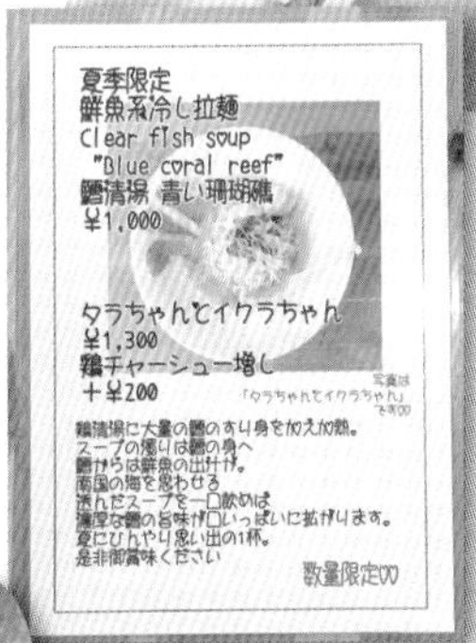

在開發菜單時不僅要讓客人吃的時候覺得美味，還考慮了「美味、漂亮、有趣、驚訝」等其他附加價值。「雞清湯綠色拉麵」這款拉麵，點餐的客人幾乎100%都會拍照，大部分還會上傳到社群網站上，吸引眾多國內外客人前來品嚐。還有很多客人會問說：「這是什麼的顏色？」不過店員都會回答說：「這是商業機密喔！」

雞高湯鹽味拉麵
800日圓

本款拉麵使用該店的基本湯頭雞高湯。湯頭是以類似玉米濃湯的口感為目標開發的。夏季會加入玉米增添甘甜與風味。配料為表面以瓦斯噴槍火烤的豬五花叉燒。配料還使用甜椒和菠菜增添色彩。

外觀讓人驚艷 美味讓人成為回頭客

在東京吾妻橋的『拉麵 吉法師』拉麵店有一種經典的風景──拉麵端上桌後，年輕人們都會很興奮地拍照。客人們拍照後上傳到社群網站，其他人看到照片前來品嚐，就這樣形成了良性循環，成為接連多日客人都源源不斷的話題店舖。

招牌商品「雞清湯綠色拉麵」（900日圓）使用雞骨架、雞腳、香味蔬菜、玉米等精心熬煮10小時，製成混濁的雞高湯，再加入雞腿肉肉末加熱，使其吸收高湯的混濁部分，製成澄清的清湯。這是一種在中國菜裡面被叫做「掃湯」的料理手法，雖然很花時間和成本，但添加了肉末的鮮美，製成了口感濃郁的湯頭。使用奶油對鹽味醬汁、蒜頭、洋蔥、白醬油、昆布湯汁進行調味。再放上雞肉叉燒。因為漂亮的外觀而前來用餐的客人，很多都會因這款拉麵的美味而成為回頭客。

透過增加季節感限定商品 持續回應客人的期待

店主小泉貴央先生曾在拉麵店、

鮮蝦清湯向日葵拉麵 900日圓

作為夏季限定商品而開發的鮮蝦拉麵。以向日葵為形象的黃色外觀。將鮮蝦連頭和殼一起使用果汁機攪碎，再慢慢熬煮成高湯，再與美式龍蝦醬（Sauce Américaine）、蝦油、蝦粉等混合。再加上雞肉叉燒，麵條與「雞清湯綠色拉麵」一樣使用中細直麵，1人份140克。

◎蝦粉

中華料理店、居酒屋等各式店舖累積了豐富經驗，在這些經驗下獨自一人開發出了使用雞高湯製成的「雞高湯鹽味拉麵」（800日圓）等具有該店特色的風味。但是2016年7月開業以來，受到選址位於一般散客較少之處，客人數量一直沒有增加。於是在2017年1月開發出了外觀極具衝擊力的「雞清湯綠色拉麵」，上傳到社群網站之後，一下子客人增加了很多。

在那之後也會經常準備一些充滿季節感的期間限定商品，比如會在3、4月提供使用櫻花利口酒製成的粉紅色拉麵——「雞清湯櫻花拉麵」（900日圓）等。在情人節的時候還會開發出加入巧克力的拉麵，而且僅在Instagram上告知客人，成為一大熱議話題。

小泉先生說：「雖然外觀時尚新穎，但吃在嘴裡還是拉麵的美味，我盡力保持這個界限。」今後該店也會繼續為客人提供充滿驚奇與樂趣的拉麵。

“落地窗設計讓客人只看一眼就感覺舒適”

以讓人想要進入並且想長時間待在這裡的店舖為目標，採用以白色為基調的明亮風格及落地窗的咖啡廳式設計。為了讓客人晚上可以慢慢在這裡飲酒，還提供紅酒、雞尾酒等，吸引喜歡飲酒的客人。消費單價白天900日圓、夜晚1100日圓。平日主要以當地的熟客為主，從年輕人到老年客人都有。國定假日則以遠道而來的年輕客人為中心，也吸引了眾多外國遊客。

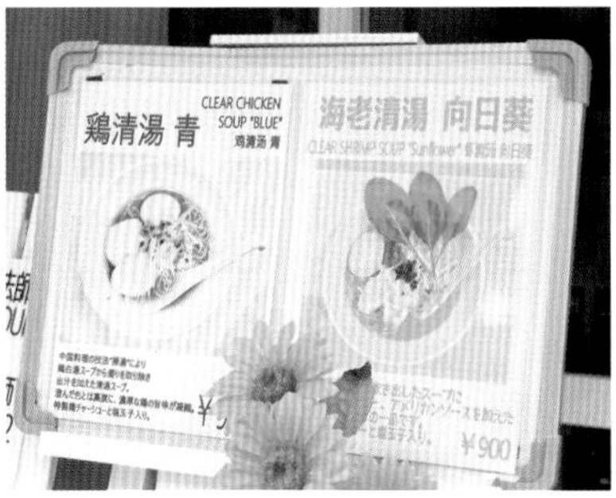

「現在這個時代有很多人都是看了Instagram或Twitter後才來的。比口語傳播還要更廣，效果很好。」店主小泉貴央先生說。

◎山葵橄欖油

以漂亮的綠色與獨特的風味為整體帶來清爽感。在橄欖油中加入山葵製成，為了活用配色與風味而未經加熱。

小鱈與小鮭魚子拉麵 1300日圓

今夏限定的冷麵。使用與「雞清湯綠色拉麵」相同的湯頭，加入生鱈魚肉末加熱，再以鱈魚肉吸附混濁成分，最後加入魚貝類提升鮮美度。醬汁與「雞清湯綠色拉麵」一樣使用鹽味醬汁。淋上山葵橄欖油增添清涼感與美麗顏色。而且還加上鮭魚子，還取了一個獨特的料理名稱。預計銷售至8月末。

東京
赤坂

赤坂麵処 友

■地 址／東京都港区赤坂2-13-13-1階　■電 話／03-6426-5120
■營業時間／星期一～星期五：11時～16時、18時～4時（最後點餐時間3時45分）、星期六・星期日・國定假日：11時～21時
■公休日／不定期公休

1日330碗！讓客人多次前來品嚐的醬油拉麵・鹽味拉麵・沾麵

特製 芳醇 飛魚湯頭醬油拉麵 1000日圓

使用以大火將日本國產豬大腿骨熬煮12小時製成的湯頭，與使用豬排骨、九州產的日曬飛魚乾與小魚乾以小火熬煮出的湯頭混合製成的雙湯頭。再使用以從豬骨湯的最上層撈起的豬油為基底並添加用熬煮過的日曬飛魚乾製成的香味油，增添甘甜與香氣。建議客人吃到一半的時候，加入具有濃郁花椒香氣的辛辣自製辣油，享受不同風味。

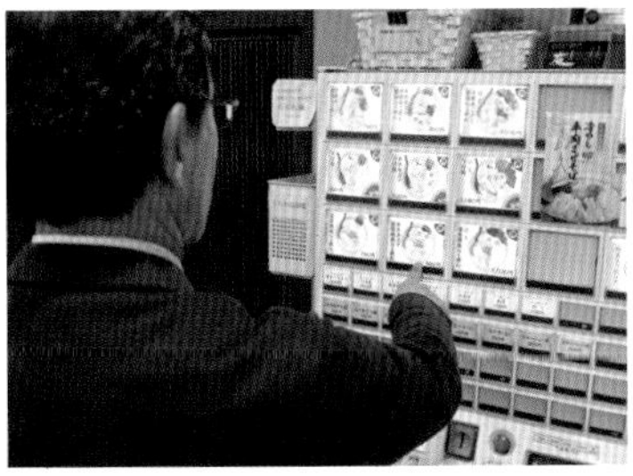

濃縮商品數量，縮短點餐時間。此外店門口貼著印有商品照片的大幅海報，讓客人可以在店外就決定好餐點。餐券機上也同樣使用大幅照片，方便客人選擇，提升了翻桌率。

濃厚雞湯鹽味拉麵 760日圓

使用以昆布為基底的魚貝類湯頭保證鮮美度，在九州產的雞骨架、全雞、香味蔬菜中加入雞油，熬煮6個多小時製成高湯。鹽味醬汁是在扇貝、昆布湯汁內加入天然湖鹽與洋蔥進行醃漬，帶出甘甜。使用從東北產的赤雞中萃取出的雞油提升香味。大大增加了鮮美與香氣。可添加山葵莖帶出不同風味。

以「飛魚湯頭醬油拉麵」為主力，用4款主打拉麵限定商品數量

2012年5月於東京赤坂開業的『赤坂麵処 友』。白天附近的上班族就大排長龍，營業到凌晨4點，讓客人可以在酒後吃碗拉麵醒酒，曾單日銷售330碗。

作為經營主體的（株）TOMO MUSIC的社長松井朋巳先生談到了拉麵開發的經過。

「我們努力研發不論哪個時代、不論哪個年齡層都喜歡的普遍拉麵。最終發現了比昆布和柴魚片的風味更加溫和醇厚的烤飛魚。」

商品的主力是使用烤飛魚製成的「芳醇飛魚湯頭醬油拉麵」。此外為了讓客人有其他選擇而提供的「濃厚雞高湯拉麵」和「沾麵」，還有「辣味肉末涼拌麵」和「牛筋味噌拉麵」等季節或週年限定拉麵共4大支柱。集中於這4款單品，縮短了客人的點餐時間。即便在巔峰時段很短的正午時刻，也成功提高了翻桌率。

1碗拉麵，兩種風味 使用調味料成功打造特色

蔬菜配料 200日圓

在豆芽菜、高麗菜、黑木耳等燙青菜上加入「飛魚湯頭醬油拉麵」中使用的醬油醬汁和芝麻油拌勻。醬油醬汁以本釀造醬油、正宗柴魚、昆布等為主軸，在與靜置2週的濃口醬油和豬肉湯汁精華等混合製成。為了不僅可以作為配料，還可以直接作為下酒菜食用而進行了調味。

◎麵條

「飛魚湯頭醬油拉麵」與「雞高湯鹽味拉麵」使用小麥香氣濃郁的中粗直麵（照片左上），「沾麵」使用簡單Q彈的直麵。只有「飛魚湯頭醬油拉麵」還以1日30份的數量限定提供捲麵。

◎調味小盤

準備了各式原創調味料，讓客人可以在吃到一半後加入，享受不同的風味。「沾麵」可添加蘋果柚子特製醋。「濃厚雞高湯鹽味拉麵」可添加醬油醃漬山葵莖。「芳醇飛魚湯頭醬油拉麵」可添加自製辣油。

「飛魚湯頭醬油拉麵」的湯頭使用鹿兒島或熊本產的豬大腿骨熬煮12小時的湯汁，與九州產的日曬飛魚乾、小魚乾等熬煮的湯汁，在提供給客人前將兩者混合，再加入以正宗昆布為主的魚貝類湯頭製成的動物系湯頭。此外還加入熬煮豬骨湯時形成的豬油與熬煮飛魚乾製作的香味油，大幅提升香氣與鮮美度。

「雞高湯鹽味拉麵」與「沾麵」的湯頭使用以九州產的整付雞骨架與全雞為主，添加雞油熬煮成高湯。這款湯頭也加入了正宗昆布魚貝類湯頭，增添了鮮美度。「飛魚湯頭醬油拉麵」的配料使用歐洲產的豬肉三段五花肉叉燒。「雞高湯鹽味拉麵」也使用真空調理的雞肉叉燒。

提案出一碗拉麵可以享受兩種風味的「調味小盤」也是該店的特色之一。「飛魚湯頭醬油拉麵」使用以未磨碎的整粒花椒強調出花椒香氣製成的自製辣油。包括限定商品在內，所有菜單都附帶調味小盤，為客人提供印象深刻的拉麵。

以日式時尚為形象的特色店鋪設計。附近有很多電視行業工作者，因此平日會營業到凌晨4點，方便喝酒後想要吃碗拉麵醒酒的客人和喜好吃宵夜的客人。還有各式貼心服務，比如對於排隊等待的客人，夏天會提供團扇、冬天會提供暖爐等。

溏心蛋沾麵 920日圓

基底為與「雞高湯鹽味拉麵」一樣的高湯。專為沾麵開發的醬油醬汁，在HIGETA本膳醬油與淡口醬油內加入正宗柴魚、昆布、味醂、粗糖，加熱沸騰後靜置2週以上，帶來醬油的香味與溫和酸味之間的平衡。直麵使用北美產小麥與日本產小麥混合製成，充滿微甜口感。

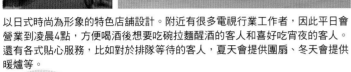

麵LABOひろ

東京
五本木

■地 址／東京都目黒区五本木2-51-5　■電 話／03-6303-4991
■營業時間／11時30分～15時（最後點餐時間）、18時～21時（最後點餐時間20時30分）
■公休日／星期三

裝盤、內容、提供方式帶來的「奢華感」充滿特色！

LABO雞湯麵（鹽味）　1200日圓

使用將雞骨架、雞腳、雞翅等熬煮而成的雞湯，與鯖魚、秋刀魚等魚乾熬煮而成的湯頭混合製成的雙湯頭。將魚乾加入扇貝湯汁、關竹莢魚魚醬等製成鹽味醬汁，再以4種鹽帶來多重風味。麵條為京都麵屋棣鄂生產的中細直麵。選擇低加水的Q彈麵條與柔軟有嚼勁的麵條。叉燒使用雞胸肉、豬肩里肌、鴨胸肉分別進行真空調理，帶來滋潤口感。

這裡原本就是拉麵店，現任店主連物品帶店鋪一起買下。內裝基本沒有改變地直接利用。除了吧檯席外，也準備了餐桌席，因此也有很多團體客人利用。

“從萬能的湯頭展開多彩的風味”

使用大山雞的雞骨架、地養雞的雞腳、雞骨架與雞翅、叉燒用的雞胸肉碎肉、比內地雞的皮與脂肪熬煮的雞湯，還有鯖魚乾片、柴魚片、宗田節、秋刀魚乾、飛魚乾湯汁、小魚乾、昆布與蔬菜類熬煮成的魚貝類湯頭，將兩種湯頭混合後靜置一晚使其更融合。以不過度凸顯雞肉或魚乾風味的比例，製成了萬能湯頭。

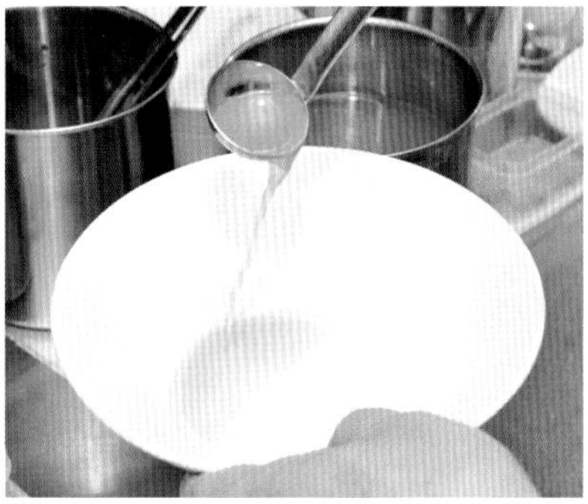

◎香味油

以獨特風味為特徵設計的「LABO油」。使用米糠油等植物系油與香菇、宗田節、鯖魚乾片、柴魚片等混合。僅需添加少量即可大幅增加香氣。

◎麵條

使用從京都麵屋棣鄂進貨的3種麵條。雞湯麵用的中細直麵注重嚼勁。凸顯出日式風味的高湯沾麵則使用全粒麵粉偏多的捲麵。1人份130克，煮麵時間為1分30秒。

不同部位使用不同品種的雞肉，加上多種魚乾熬出雞湯×魚乾湯頭

『麵LABOひろ』位於東京學藝大學附近，店主HIRO先生曾在位於東京武藏小山的烤雞肉串店『まさ吉』學習，該店曾連續三年獲得東京米其林指南「超值餐廳(Bib gourmand)」肯定。

HIRO先生製作的拉麵為使用雞湯與魚貝類湯汁混合而成的清湯拉麵。再加入100%使用比內地雞熬煮成的雞油與在植物系油內加入魚貝類風味精華的「LABO油」，追求獨創性。此外，真空低溫調理製成的叉燒、提味的花椒粒、香氣清新的柚子皮與山芹菜都大大提升了美味度。

雞湯使用大山雞的雞骨架、地養雞的雞腳、雞骨架與雞翅、比內地雞的皮等熬煮而成，魚貝類湯頭則分別使用鯖魚乾片、飛魚乾、秋刀魚乾等熬煮而成。將兩種湯頭混合後靜置一晚，客人點餐後再加熱。

醬汁的基底使用宗田節、小魚乾、扇貝湯汁、關竹莢魚魚醬等製成，醬汁也添加了魚貝類的醇厚鮮美。鹽味醬汁使用沖繩產亞國鹽、

白湯雞肉麵
1000日圓

基本的湯頭都是一樣的，但美味的關鍵在於添加了使用昆布、香菇、小魚乾等魚貝類的鮮美，還添加了白醬油製成的醬汁。使用麵筋、薯蕷昆布作為配料，一下子增加了日本麵的「和」式感覺。另一方面，為了不過度強調「和」式，而使用增加全麥麵粉比例製成的強韌麵條，強調出拉麵特色。

雞湯麵（醬油）
900日圓

與鹽味醬汁、白醬油醬汁一樣，醬油醬汁內也加入了魚貝類的鮮美，再加入和歌山野尻醬油、島根森田醬油的3年熟成生醬油。此外再加入由味道濃厚的比內地雞熬成的雞油，增加了鮮美度。叉燒上方放著的花椒粒除了使用京都千波產的調味花椒提味外，還有柚子皮的清爽香氣。

藻鹽等4種鹽，醬油調味汁使用森田醬油的3年熟成生醬油等2種醬油混合製成。

麵條從京都麵屋棣鄂進貨。將中細直麵、增加了全麥麵粉比例的捲麵等三種麵條，配合各類湯頭使用。

依據不同日期、不同天氣變換商品增加了回頭率

菜單以「雞湯麵」為主，不過「沾麵」僅在平日提供。此外星期一～星期二提供「清淡小魚乾湯麵」、星期日～星期四提供「白湯沾麵」，下雨天限定提供「鴨肉當麵」等，以求增加回頭客。同時將菜單濃縮，提高了作業效率。

作為主打商品的「肥肝湯麵」（僅在夜間提供），一碗拉麵內使用約100克肥肝。現點現做，在基底湯頭內加入肥肝油融合，為同樣的湯頭帶來不同風味。

「基底湯頭的比例適中，是一款不會過於凸顯出某種風味的高實用性湯頭。因此只需在同一款湯頭內加入肥肝油或鴨油等，即可製成高活用性的其他湯頭。」HIRO先生這麼說。

“隨處都充滿「話題」，特地前來的客人不斷增加”

高級吉野杉製成的免洗筷（21公分）等，隨處配置著吸引客人話題的單品。四處充滿創意，讓客人想特地前來店中，發揮了吸引客人的作用。

肥肝湯麵（醬油）

1800日圓

1碗使用約100克肥肝的奢華蕎麥麵。在加熱湯頭時，加入炒肥肝時釋出的肥肝油，讓其沸騰乳化。湯頭內也增添了肥肝風味。客人點餐後使用平底鍋煎一煎肥肝表面再放在麵條上作為配料。雖然利潤較少，但也成為吸引客人的不錯宣傳。

距離東急東橫線學藝大學站徒步7分鐘。店舖開設在HIRO先生以前曾工作過的東京武藏小山的『まさ吉』的熟客也可以前來的範圍內。雖處在住宅包圍中的行人較少之地，但星期六、星期日的銷售量1日大約有120碗。

東京
藏前

自家製麵 ラーメン 改

- ■地 址／東京都台東区蔵前4-20-10-1階
- ■營業時間／11時～15時、17時30分～21時（最後點餐時間） 如果售完會提早關門
- ■公休日／星期一

清淡＋濃厚
兩種風味的拉麵帶來的衝擊感，極具人氣

貝類湯頭鹽味拉麵 780日圓

使用具有高級感的貝類湯頭與自家製麵條成功帶出特色的招牌商品。大量使用以蛤仔為主的貝類，無添加化學調味料，卻下功夫帶出濃厚香醇。使用乾貨系鹽味調味醬汁進行調味，帶來清爽口感。麵條使用具有嚼勁的粗麵，為了提高麵條對湯頭的沾附力，在煮麵之前用雙手用力將麵條揉緊實，使麵條捲曲。麵條的一部分會被壓扁，變成像扁麵一般，為口感帶來變化，製作出讓人百吃不膩的美味拉麵。配料為竹筍和海帶芽。

◎鹽味醬汁與香味油

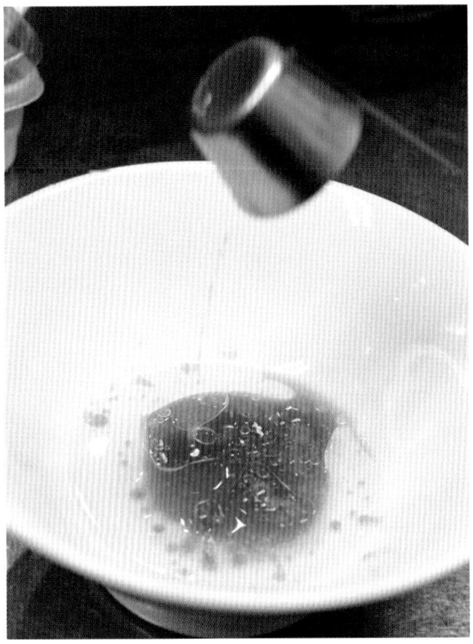

使用海鹽加上魷魚乾、鯖魚乾片、竹筍、昆布等乾貨熬煮的湯汁製成的鹽味醬汁，與使用豬油煎炒貝類製作的香味油帶出風味。

“配合拉麵、沾麵的特色自家製麵條”

將店鋪的2樓部分改建為製麵所，每天製作自家麵條。使用品川麵機生產的製麵機。麵條製作好後靜置1日以上帶出彈性。目前有3種麵條。「貝類湯頭鹽味拉麵」的麵條是以北海道產的麵粉為主，混合加入麵包用的特高筋麵粉和偏粗的全麥麵粉等製成的多加水麵條。加水率配合濕度與溫度進行微調整。

◎叉燒

將豬肩里肌肉用加入陳年滷汁製成的醬油調味汁調味後，再低溫加熱10小時製成。

◎湯頭

以可以穩定進貨的蛤仔為主，加入扇貝、孔雀蛤等貝類熬煮出湯汁，再與昆布和小魚乾湯汁混合製成的湯頭。咕嘟咕嘟慢慢熬煮貝類，甚至激發出會刺激味蕾的貝類苦味，製成極具味覺衝擊的貝類湯汁。

1日最高翻桌率20次！可賣完200碗拉麵的人氣店鋪

距離藏前站很近，白天和晚上都有人排隊的『自家製麵 ラーメン改』。平日以附近的熟客為主，週末則以特地前來的客人為中心，7坪、10個座席，最多一天曾接待200人的人氣店舖。

客人喜歡的是帶有貝類湯汁清爽鹽味的「貝類湯頭鹽味拉麵」和小魚乾與動物系湯頭濃厚醬油味的「小魚乾沾麵」這兩款對比強烈的特色拉麵。配合兩款湯頭開發的自家製麵條更加凸顯出風味，類似咖啡廳那樣讓人很想進入的明亮店舖設計，也獲得了廣泛的客群。

店主木場本幸治先生曾在以鮮魚系拉麵出名的『いつ樹』修業，2016年2月獨立創業開設了該店。雖使用魚貝系卻不添加化學調味料，為了帶出充滿衝擊力的風味而專注於貝類，開發出「貝類湯頭鹽味拉麵」。使用1次進貨30公斤的蛤仔肉為中心，加入扇貝、孔雀蛤等貝類熬煮，激發出帶有澀味與苦味的貝類湯汁，再與昆布與小魚乾湯汁混合製成的湯頭。醬汁為

濃厚小魚乾沾麵 800日圓

存在感十足的小魚乾、極具衝擊力的濃厚風味沾麵。在使用豬骨和雞肉熬煮的湯頭內，加入小魚乾慢慢熬煮，最後再將小魚乾攪碎。動物系的油脂可以抑制小魚乾的澀味和苦味，味道比從外觀想像出的還要醇厚。自製細麵1人份240克。

◎沾麵的麵條

麵條內加入兩種全麥麵粉帶出風味，再以低加水凸顯出小麥風味。

在盛放沾麵醬汁的碗中加入配料與醬汁等，再將碗放入開水中隔水加熱。再注入在小鍋中加熱好的湯頭。

使用乾貨系湯汁製成的鹽味醬汁，再以豬油炒貝類製成的香味油大大增強風味。麵條使用具有嚼勁的粗麵，提高了加水率。在煮麵之前用力將麵條揉緊實，為口感帶來變化。為了和湯頭配合，使用海帶芽和以湯汁煮過的竹筍作為配料。

濃厚小魚乾湯頭 以沾麵的方式獲得人氣

另一方面「小魚乾沾麵」則是以能讓客人強烈感受到小魚乾的存在、一看外觀就充滿衝擊力的風味為目標開發的。使用豬骨與雞肉熬煮湯汁，再加入小魚乾熬煮，最後攪碎做出濃稠的湯頭。在麵碗內將乾貨系湯汁製成的醬油調味汁、以豬油為基底的小魚乾油、砂糖、筍乾、洋蔥、柚子皮絲等混合。麵條使用添加了兩種全麥麵粉的低加水細麵。

最初的時候是以「小魚乾拉麵」的方式提供的，不過之後在夏天推出沾麵後人氣不斷擴大。現在則將沾麵作為基本商品，拉麵僅限定日期提供。

“充滿清潔感的店舖設計，專注地域服務”

獨身一人的女性也可輕鬆進入的設計，白色墻壁與白木吧檯的咖啡廳式時尚店舖。客人的年齡層廣泛，也有很多老年客人。男女比例7比3。平日主要是附近的熟客，週末則主要以特地前來的遠方客人為中心。白天晚上都大排長龍的人氣店舖，週末最多時會有200人來店。

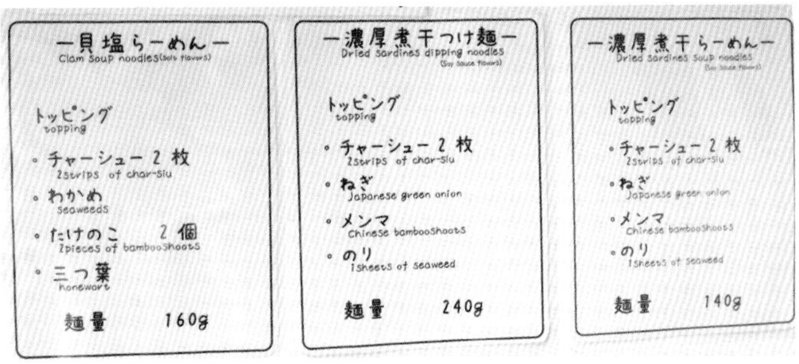

餐券機上記載了各菜單的麵條分量與配菜的內容，方便客人點餐。

貝油拌麵
200日圓

本款拌麵活用了「貝類湯頭鹽味拉麵」的醬汁和香味油。加入剩下的湯頭內也很美味，滿足客人想要加麵的需求，也為提高客人消費單價做出了貢獻。麵條使用與「小魚乾沾麵」一樣的細麵，配料僅有叉燒肉絲和蔥花。也可選擇使用「小魚乾沾麵」的醬汁和香味油製成的拌麵。

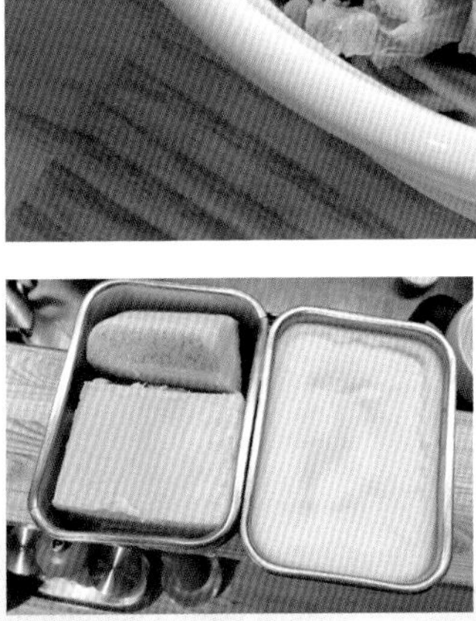

「拌麵」使用的香味油在常溫下是凝固狀態。照片左邊是小魚乾油、右邊是貝類油，兩者都是以豬油為基底製作而成的。

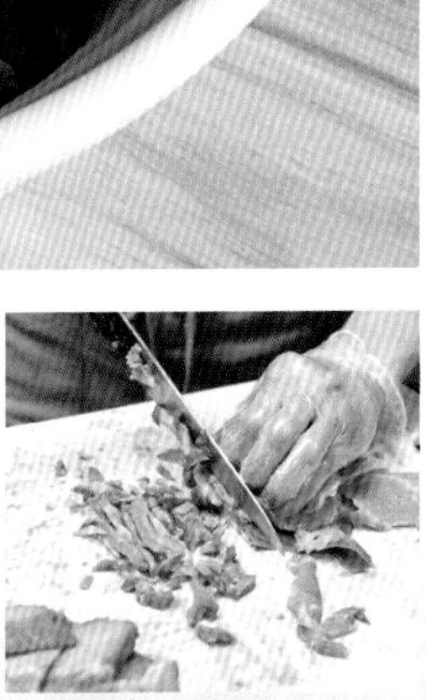

將通常的叉燒切成細絲，更容易與麵條攪拌在一起。也有客人單點作為下酒菜。

1.加入蕎麥麵汁、還有小魚乾等材料製成的特製香油後，再加入僅以小魚乾熬煮而成的湯頭。 2.將煮好的自家製麵條放入麵碗中。3.放上洋蔥末、蔥花，再放上兩片叉燒。最後在麵碗邊緣放上海苔。

追求小魚乾美味的原創拉麵「小魚乾蕎麥麵」（750日圓）。使用從千葉和瀨戶內進貨的6～8種小魚乾熬煮而成的湯頭。

追求小魚乾的美味
以「小魚乾蕎麥麵」為賣點
吸引喜歡拉麵的客人！

千葉・船橋　『零一弍三（數字）』

位於千葉縣船橋市本町的『零一弍三（數字）』拉麵店是一間為客人提供追求小魚乾之美味的原創拉麵而成為熱議話題的拉麵店。

該店舖位於連接西船橋站與京葉勝田台站的京葉高速線的西船橋站鄰站——東海神站附近。雖然是一間只有8個吧檯席位的小規模店舖，但博得了高人氣，星期六、星期日會因為有很多喜歡拉麵的客人前來而大排長龍。

作為主力商品的拉麵僅有「小魚乾蕎麥麵」（750日圓）和「濃厚小魚乾蕎麥麵」（800日圓）兩款。除此外還有作為副餐的「油蕎麥麵（拌麵）」（200日圓）和「豬肉飯」（250日圓）等，以及作為單點配料的「溏心蛋」（100日圓）、「海苔」（100日圓）。營業時間為上午11時15分～18時（中間16～16時30分休息），不過材料賣完後就會提早結束營業。

店主池田將太郎先生。在法式料理店、拉麵店等店舖修業後，於今年3月終於實現了自己一直以來的夢想，獨立開設了拉麵店。現在從拉麵製作到接待客人全都是一人進行，每天限定準備「小魚乾蕎麥

站在吧檯中間迎接客人的店主池田將太郎先生。僅有8個吧檯席的小規模店舖，池田先生進入吧檯內，從調理到待客服務全部一手包辦。

客人點餐的拉麵製作好後，店主池田將太郎先生會親自端給客人。努力讓客人品嚐到熱乎乎的美味拉麵。

店鋪位於距離京葉高速線的東海神站徒步3～4分鐘之處。

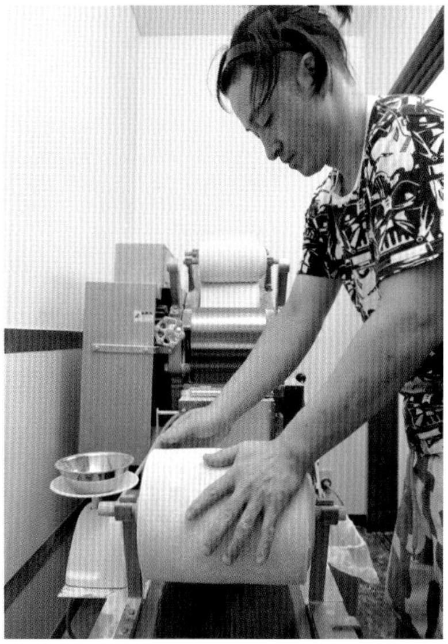

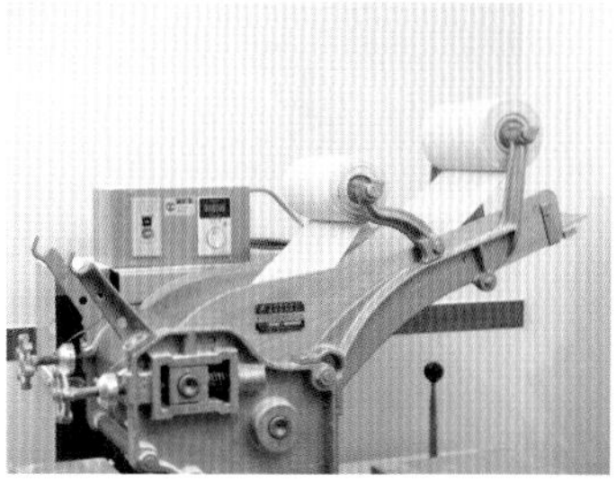

引入新宿吉野麵機㈱生產的製麵機自家製麵條。當日使用的麵條為前一日營業結束後製作。麵條為中細直麵，加水率控制在30%左右，製成的麵條偏硬。

零一弐三（數字）

- 地 址／千葉県船橋市本町7-23-14 文平ビル101
- 營業時間／11時15分～18時（16時～16時30分中途休息，材料售罄後提前打烊）
- 公休日／星期一
- 坪數・座位數／約19坪 8席
- 經營者／池田將太郎

※價格含稅

麵」50～60碗、「濃厚小魚乾蕎麥麵」30～40碗，售完後即提前結束營業。

人氣的秘訣在於其他店舖品嚐不到、用小魚乾熬製而成的美味湯頭，具有該店特色的風味。該店製作了「小魚乾蕎麥麵」用和「濃厚小魚乾蕎麥麵」用的兩種湯頭，並且分開使用。兩款湯頭都大量使用小魚乾，特別是「小魚乾蕎麥麵」的湯頭十分講究。

「濃厚小魚乾蕎麥麵」用的湯頭也會使用動物系的食材，而「小魚乾蕎麥麵」用的湯頭則僅以水和小魚乾製作。混合使用從千葉和瀨戶內進貨的嚴選6～8種小魚乾。提前一天按照所需的分量將小魚乾浸泡在水中，第二天一早一邊調節火力一邊熬煮3小時左右，再過濾後作為湯頭使用（池田先生這麼說）。

使用的麵條為中細直麵，1人份140克（生麵的狀態下）。是使用新宿吉野麵機（株）生產的製麵機製作的自家製麵條，結束營業後再製作第二天需要使用的分量。與湯頭十分對味，更凸顯出「小魚乾蕎麥麵」的美味。

人氣拉麵店的
調理技術

ラーメン星印

- 雞系湯頭＋豚骨湯頭
- 以低水位使得深底湯鍋整體受熱均勻

らあめん寸八

- 豚骨補充湯頭＋預備湯頭
- 粗直麵的技術

KaneKitchen Noodles

- 加熱時不移動深底湯鍋內的雞骨架和全雞
- 兩段式溫度調理方法

ラーメン星印

らあめん寸八

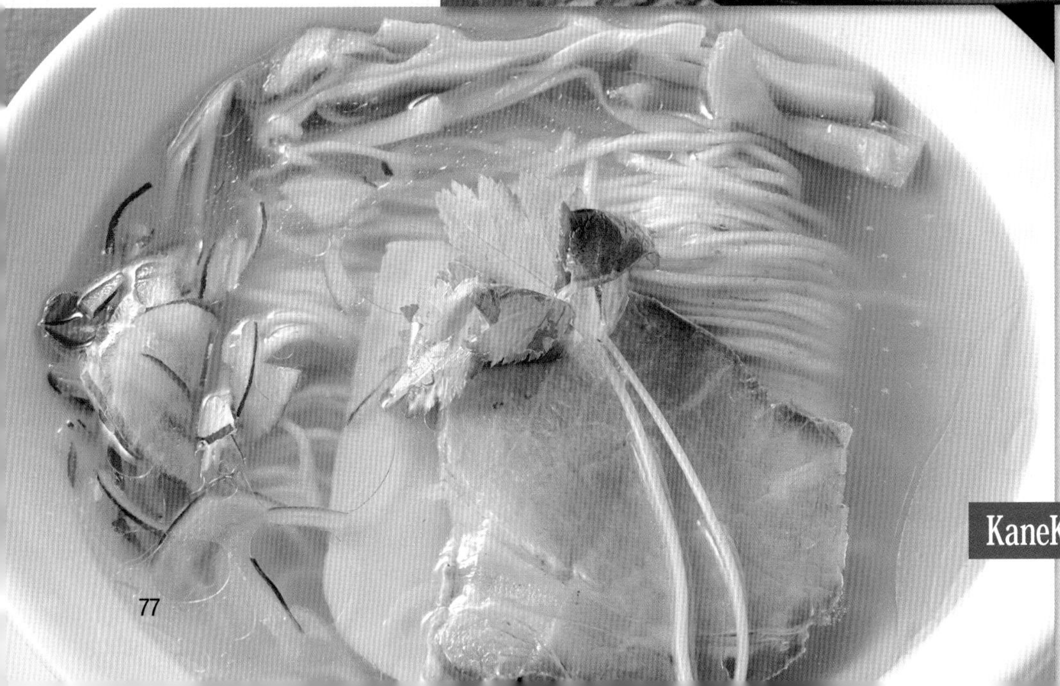
KaneKitchen Noodles

ラーメン星印

■地 址：神奈川県横浜市神奈川区反町1-3-4 ルミノ反町
■電 話：045-323-0337
■營業時間：11時30分～15時、18時～21時／星期六・星期日・國定假日：11時～15時（但材料售完後即提前結束營業）
■公休日：星期二

特製•醬油拉麵
1050日圓

在以全雞、雞骨架、雞腳、雞關節骨（雞的腳脖子）為主製成的湯頭內，加入一點豬骨湯，讓二者融合形成濃厚風味。醬油調味汁使用生醬油、白醬油、魚醬等6種混合，凸顯出清爽的醬油風味。麵條與鹽味拉麵的麵條厚度一樣，但稍微扁平一些。將煮麵條的水充分瀝乾，與湯頭完全融合後再提供給客人。店主沖崎一郎先生在製作時充分考慮了湯頭、醬汁、麵條全部混合時的平衡與良好融合。

鹽味拉麵 750日圓

湯頭是在醬油拉麵使用的湯頭內加入竹筴魚魚乾和斑點莎瑙魚魚乾熬煮而成的湯汁。鹽味醬汁是將牡蠣、蛤仔、昆布、香菇 、柴魚片、鯖魚乾片、乾燥干貝熬煮而成的湯頭與沖繩海鹽和中國福鹽混合製成。麵條是比鹽味拉麵的麵條還要更細一些的中加水直麵。香味油為雞油，是混合比內地雞、名古屋Cochin雞的雞油製成的。

雞系湯頭

雞系湯頭的材料

名古屋Cochin雞全雞、山水地雞全雞、阿波尾雞的雞骨架、山水地雞的雞腳與關節骨、比內地雞的雞油、生薑、蔥葉、叉燒用豬五花肉與豬肩里肌、昆布高湯、乾香菇、飛魚乾、厚柴魚片、鮪魚乾薄片

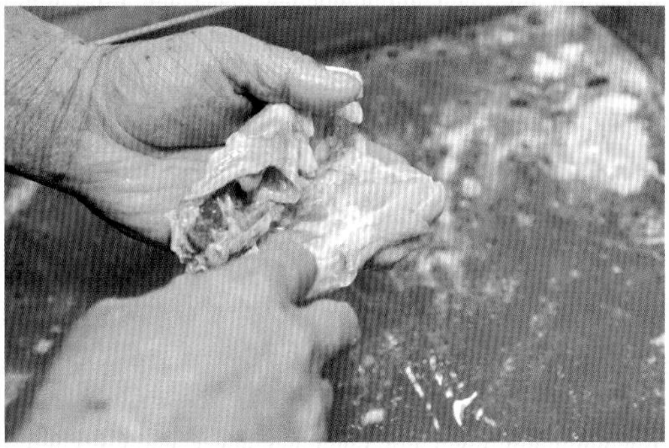

1 將雞骨架附著的內臟取出，用水沖乾淨。全雞無需用刀切開切口，後續會用π水熬煮，最終完全煮散。

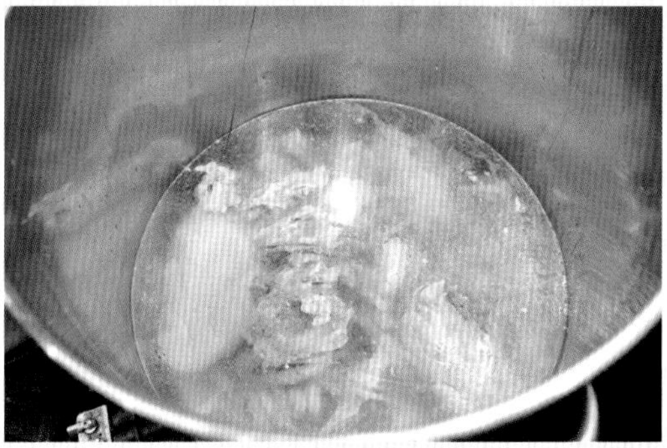

2 在60cm的深底湯鍋內加入全雞、雞骨架、雞腳、雞關節骨、雞油，加水淹過食材。水位低一些，讓整體受熱均勻。放上陶瓷落蓋，蓋上蓋子煮沸。

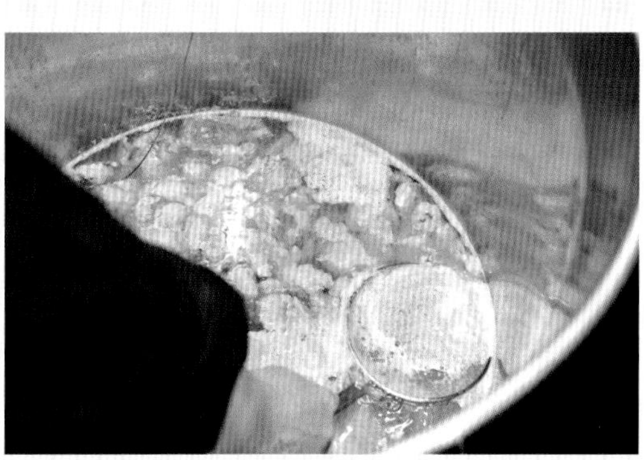

3 沸騰後撈除雜質，轉小火。撈除雜質只在食材投入以後。如果撈除太過頻繁可能會使鮮味不夠。

採用低水位、使深底湯鍋內整體的水溫不會出現差異的熬煮方式

以雞類為主，使用小火熬煮，逆著順序計算出最容易煮出湯汁的時間，因此魚乾類後面再加入。使用π水熬煮。讓水在深底湯鍋中好好對流，上層與底層、外部與內部的水溫不會出現差異。為此，特別使用導熱良好的不鏽鋼60cm深底湯鍋，並以低水位熬煮。少量加入豬骨湯頭是為了替湯頭帶出醇厚感。也試過在麵碗內將雞湯和豬骨湯混合，但這樣比較沒有一體感，因此現在使用的是在途中加入湯頭內熬煮的方法。

■『ラーメン星印』的湯頭製作流程

【豬骨湯頭】
熬煮豬大腿骨、豬排骨
↓
撈除雜質
↓
加入蔬菜
↓
加入乾蝦、乾燥干貝

【雞系湯頭】
熬煮全雞、雞骨架、雞油等
↓
撈除雜質
↓
取出雞油
↓
加入叉燒用的豬肉
↓
加入泡軟的乾香菇、昆布
↓
加入蔬菜
↓
加入魚乾類
↓
取出叉燒用的豬肉

（兩者）↓
混合
↓
過濾
↓
冷卻

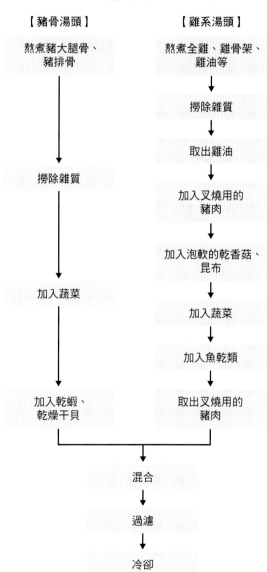

7 熬煮約1小時後，加入飛魚乾、厚片柴魚片、鮪魚乾薄片。撈除產生的雜質。雞系湯頭在中途不加水。

8 豬肩里肌在放入後1個半小時左右取出。因為想保留肉的風味，因此盡量不煮太久。

9 豬五花肉在放入後2～2個半小時之後會變軟。接近臀部部分的五花肉油脂較少，因此需要煮比較久才會變軟。

4 熬煮1小時半後將雞油舀出。舀在帶手把的小鍋內，再將小鍋最上層的湯汁部分舀出放到容器內。

5 取出雞油後，加入叉燒用的豬肩里肌和豬五花肉。繼續以小火熬煮。

6 熬煮1小時後，加入泡軟的昆布、香菇、生薑、蔥葉。撈除產生的雜質。曾經嘗試加入洋蔥，不過感覺甜味不適合，因此就放棄了。

3 熬煮2個半小時後，加入蒜頭和蘿蔔。蘿蔔具有去除豬肉腥臭的效果。沸騰後撈除雜質。

4 加入蔬菜熬煮1小時左右，再加入乾燥干貝、乾蝦熬煮。撈除產生的雜質。

豬骨湯頭

豬骨湯頭的材料

豬排骨、豬大腿骨、蘿蔔、蒜頭、乾蝦、乾燥干貝

1 將豬大腿骨、排骨放在水中浸泡去除血水，再放入36cm的鋁製深底湯鍋中熬煮。水同樣使用π水。同樣採用偏低水位並以中火熬煮。與60cm深底湯鍋製作的雞湯相比，比例如圖。

2 沸騰後撈除雜質。撈除雜質後熬煮2個半小時左右。中途不再加水。

讓所有材料融入一碗拉麵中的肉類調味、加工方法

重視湯頭、醬汁、配料三者在麵碗中混合時的完成品風味。湯頭與煮好的麵條混合時味道會改變。此時為了讓麵條和湯頭可以融合，要徹底瀝乾煮麵的水，讓麵條在麵碗內的湯頭中漂浮。此外，叉燒用的豬肉選用日本產豬肉，豬肉的風味十足，因此幾乎不需調味。配料調味時也要注意不去影響湯頭的風味，追求豬肩里肌、五花肉各自的美味口感。

叉燒

叉燒的材料

[豬肩里肌、豬五花、醬油、味醂、日本酒]

1 豬肩里肌熬煮時完美保留了肉的口感，豬五花肉則熬煮軟爛。使用靠近臀部的豬五花肉，油脂較少，因此熬煮時間較久，煮豬五花肉時也會調整火力大小。

2 熬煮過的豬肩里肌、五花肉再使用醬油、味醂、日本酒熬煮。以較少湯汁熬煮10分鐘後翻面繼續熬煮10分鐘。只需煮到上色即可。

雞系湯頭＋豬骨湯頭

1 將叉燒用的豬肩里肌、五花肉從熬煮雞湯的深底湯鍋中取出後，再將雞湯連骨頭一起與豬骨湯混合。最終要熬製55公升湯頭，因此此時需要調整水位。

2 火力保持小火，熬煮1小時左右，讓雞湯和豬骨湯融合後再過濾。為了不讓湯頭混濁，首先使用附帶手把的網子慢慢撈出雞骨架和肉片，再慢慢用網子過濾。

3 在水槽中放一些水，將湯頭連鍋放入水槽中去除餘熱，再冷藏在冰箱中。次日將冷卻凝固的上層油脂去除，加熱後再使用。

拉麵裝盤

1 照片為醬油拉麵的製法。在溫熱的麵碗內加入雞油、醬油醬汁，注入使用附帶手把的鍋子溫熱過的湯頭。

2 醬油拉麵的麵條1人份150克，煮麵時間1分40秒。在煮麵機的深麵網勺內煮好後倒在篩網內，將麵條攤平，徹底瀝乾水分。

3 將麵條從篩網內滑到麵碗內。用筷子將麵條在湯汁中鋪平，讓湯頭與麵條融合，將麵條理順。再放上配料。

らあめん寸八

■地 址：長野県松本市筑摩4-3-1
■電 話：0263-28-7744
■營業時間：7時～9時30分、11時30分～15時30分、17時～24時
■公休日：不定期公休　■規模：30坪、20席

豚骨醬油拉麵
中份756日圓+溏心蛋108日圓

約有6成客人會選擇的招牌家系拉麵。香醇濃厚的湯頭是以豬大腿骨、豬排骨、雞骨架熬煮而成，沒有臭味和腥味，易於食用。一般是醬油醬汁與豬骨湯頭、雞油混合製成，但風味十分濃厚，所以也為客人提供混合了與豬骨湯同等分量的雞清湯製成的「各一半」拉麵。人氣很高，有一半的女性客人會選擇這款「各一半」拉麵。可以吃到3片海苔、厚片的五花肉叉燒、高麗菜、菠菜，口感滿分。

沾麵 918日圓

從2006年開業起就提供的人氣拉麵，原本是只有熟客才知道的隱藏料理，但是因為太有人氣很快就被加入了固定菜單。這是信州的豬骨魚貝類沾麵的改版。當時沾麵在首都圈才開始流行，而長野縣馬上引入了豬骨魚貝類沾麵，推廣最流行的味道。為了讓客人作為拉麵的延伸品嚐，而在沾麵醬汁內並未添加醋、一味唐辛子、砂糖等調味料和油類。沾麵湯汁混合了魚粉和芝麻。

2 在取出豬五花肉後的叉燒煮汁中加入豬排骨，以大火加熱，製作補充湯汁。營業中關掉內圈火，僅用外圈火的強火狀態繼續加熱。用水調整補充湯頭的濃度。

3 等預備湯頭沸騰後，混合攪勻，期間注意不要煮焦。營業中轉為中火，如果水位下降或濃度過濃的話，再以補充湯頭進行調整。熬煮12小時左右，預備湯頭即可作為營業用高湯使用。營業時不過濾，而是直接使用舀起來的湯頭。

加強雞肉鮮美製成的無腥味濃厚湯頭

目標是追求濃厚卻無腥味、在地人能接受的風味。不想太過油膩因此沒有加入豬背脂肪。豬大腿骨僅使用牢牢附著骨髓的後腿大腿骨。進貨時選擇事先被縱向切開的豬骨，即便不敲碎骨頭煮到爛，也可以激發出骨髓的鮮美。強力發揮了雞肉味道，非常易於食用。

豬骨湯頭

豬骨湯頭的材料

［豬大腿骨、雞骨架、豬排骨、蒜頭、雞高湯］

1 在白天營業開始前，將前一日製成，內含骨頭（豬大腿骨、豬排骨）的湯頭（豬骨湯頭、雞高湯），以大火加熱，加入蒜頭。

■『寸八』的湯頭製作流程

【預備湯頭】

在加入了豬大腿骨、豬排骨於前一日預備湯頭內加入蒜頭後點火
↓
以補充湯頭調整濃度
↓
不過濾而是直接作為白天的營業用湯頭使用
↓
取出豬大腿骨、豬排骨、過濾
↓
將從補充湯頭鍋內取出的豬大腿骨移入過濾後的湯頭中
↓
加入雞骨架和蒜頭
↓
以補充湯頭調整濃度
↓
不過濾而是直接作為夜晚的營業用湯頭使用
↓
取出豬大腿骨、雞骨架，加入過濾後的補充湯頭。加入新的豬大骨、豬排骨、蒜頭
↓
關門時間（→回到最上方的預備湯頭）

【補充湯頭】

煮叉燒的煮汁中加入豬排骨（→以補充湯頭調整濃度）
↓
取出豬排骨，加入豬大腿骨
↓
取出豬大腿骨，湯頭過濾掉2／3（→將從補充湯頭鍋內取出的豬大腿骨移入過濾後的湯頭中）
↓
稍微過濾剩下的湯頭，加入水、新的豬大腿骨、雞骨架、豬排骨（→以補充湯頭調整濃度）
↓
將另外熬煮的雞高湯連雞骨架一起加入，一邊熬煮一邊搗碎。完成後過濾。（→取出豬大腿骨、雞骨架，加入過濾後的補充湯頭。）

【營業用湯頭（原汁）】

在白天的營業用湯頭煮好之前使用原汁

作為夜晚營業用的原汁使用（←取出豬大腿骨、豬排骨、過濾）

過濾一部分，保存作為第二天白天營業用的原汁（←不過濾而是直接作為夜晚的營業用湯頭使用；→在白天的營業用湯頭煮好之前使用原汁）

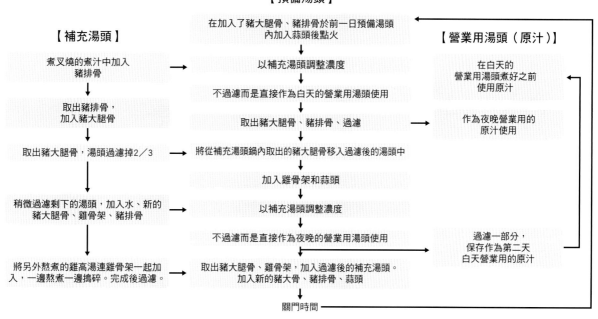

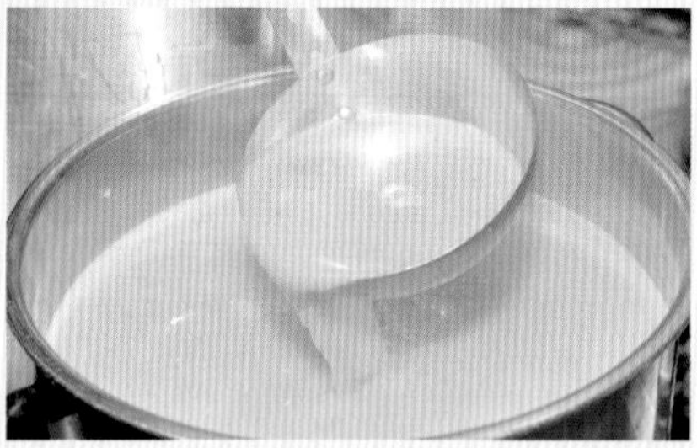

4 到15時，取出營業用湯頭內的骨頭（豬大腿骨、豬排骨），使用篩網過濾乾淨。這個湯頭作為晚上的營業用湯頭使用。此時將要熬煮預備湯頭的深底湯鍋洗乾淨。

5 在移入預備湯頭的鍋子內30分鐘之前取出補充湯頭內的豬排骨，加入新的豬大腿骨代替。到了15時後，從深底湯鍋內取出骨頭（豬大腿骨），移入要熬煮預備湯頭的深底湯鍋內。此時過濾掉湯頭的3分之2的量，與骨頭一起移入要熬煮預備湯頭的深底湯鍋內。

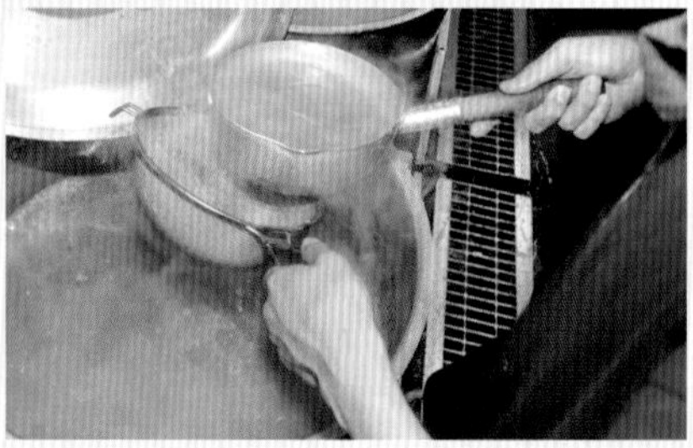

6 在預備湯頭的深底湯鍋內加入新的雞骨架和蒜頭。在19點左右預備湯頭可以作為營業用湯頭使用。營業時間內，不過濾而是直接從鍋內舀出來使用。

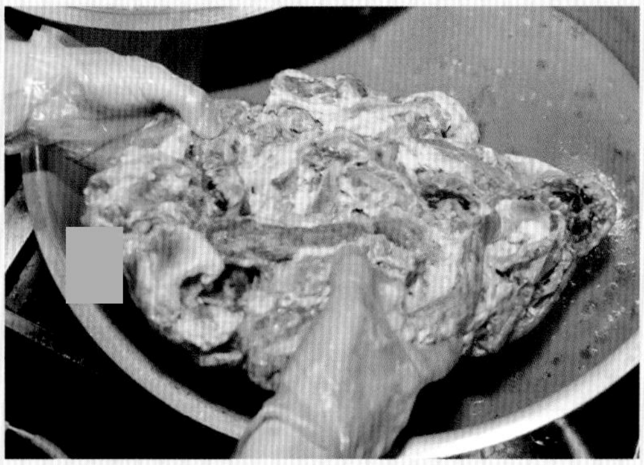

7 剩下的補充湯頭也稍微過濾，加入水、新的豬大腿骨、雞骨架、豬排骨、蒜頭。

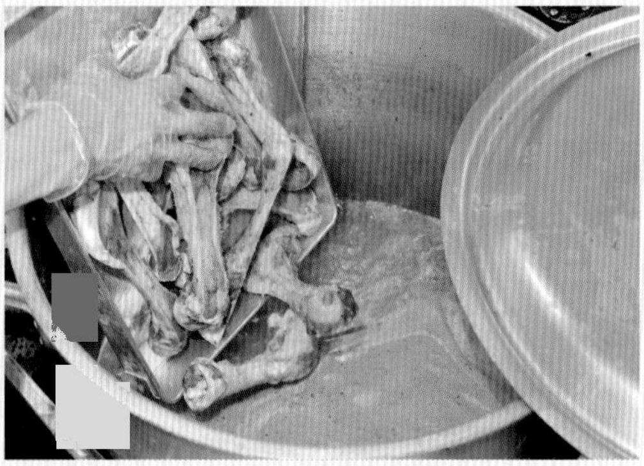

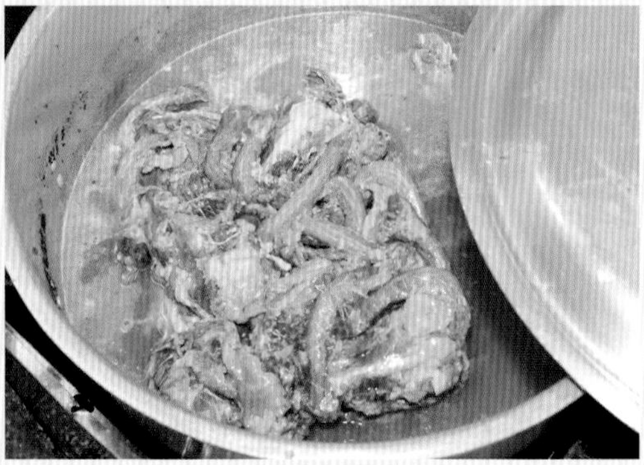

8 將作為清湯的湯汁食材使用的雞骨架以大火加熱，作為2號湯頭取出雞高湯備用。完成的雞高湯不經過濾連雞骨架一起加入補充湯頭用的深底湯鍋內，以大火加熱1小時，將食材搗爛。煮好的湯頭過濾備用。

9 到了22點，從裝營業用湯頭的深底湯鍋內取出骨頭（豬大腿骨、雞骨架），加入步驟**8**製成的補充湯頭。再加入新的豬大腿骨、雞骨架、豬排骨、蒜頭，再以大火熬煮2小時。

10 第二天一早再重複由**1**開始的步驟。

麵條

粗直麵的材料

中華麵用小麥（牛若）、粗鹽、鹼水、水、著色粉（梔子花果實粉末）

1 在事先準備好的鹼水中加入粗鹽與梔子花果實粉末混合，用打蛋器仔細拌勻。

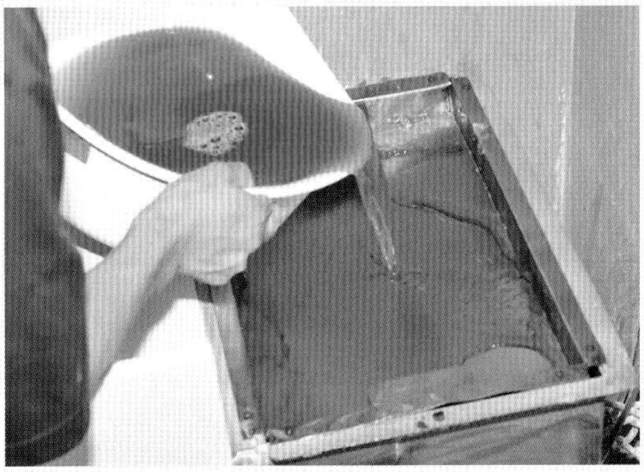

2 在麵粉中加入鹼水，混合攪拌3分鐘。

準備了以柔軟粗麵為主的3種自家製麵條

是主要使用的麵條，形狀為角狀直麵。以柔軟的彈性與有嚼勁的口感為目標進行開發。加水率基本上為33%。透過以100克為單位，藉由加入或減少將水放入鹼水中的分量控制來精細地進行調整。麵粉使用日穀製粉生產的中華麵用小麥「牛若」。也曾使用過當地產的麵粉，但這種麵粉容易腐壞或變色，麵條與麵條還容易粘黏在一起，因此改用「牛若」。很清爽、不會影響湯頭味道的特點很讓人滿意。以前還在製麵時加入雞蛋，不過顧及到過敏問題，現在已經不加入雞蛋。現在使用天然色素梔子花果實粉末進行著色。以讓麵條看起來更漂亮為目的，麵條為黃色。還另外準備了加水率不同的細捲麵與細直麵2種麵條。搭配不同的拉麵分開使用。

粗直麵

加水率33%、切刃編號14號、1人份150克、煮麵時間4分30秒
※ 豚骨醬油拉麵、味噌拉麵、沾麵用

細捲麵

加水率32%、切刃編號22號、1人份140克、煮麵時間1分30秒
※ 清爽支那麵用

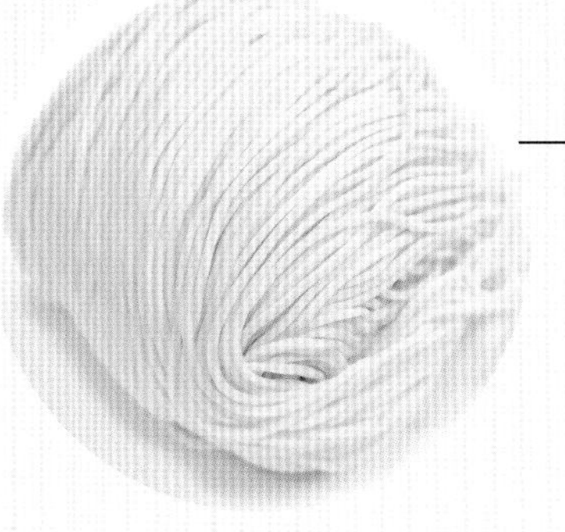

細直麵

加水率30%、切刃編號28號、1人份140克、煮麵時間40秒
※ 屋台拉麵用

※ 不過如果客人要求的話，與任何麵條都可以搭配。

3 將黏在壁面上的麵粉刮落，再次攪拌8分鐘。

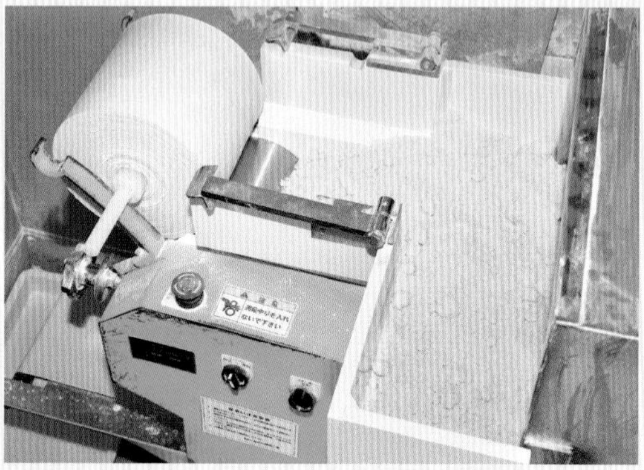

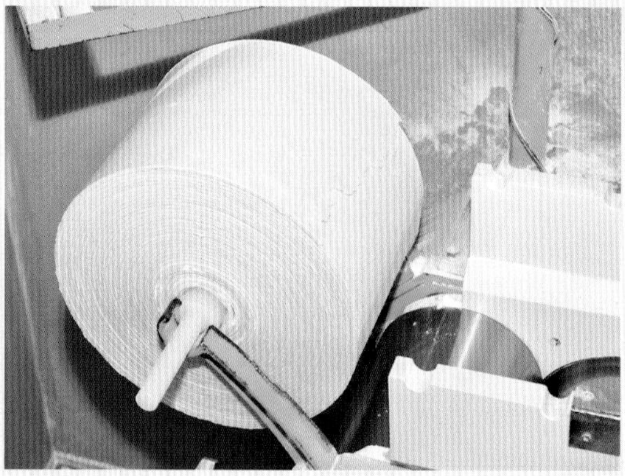

4 將攪拌機揉好的麵粉隨意掛在麵帶上。

5 進行1次複合作業。

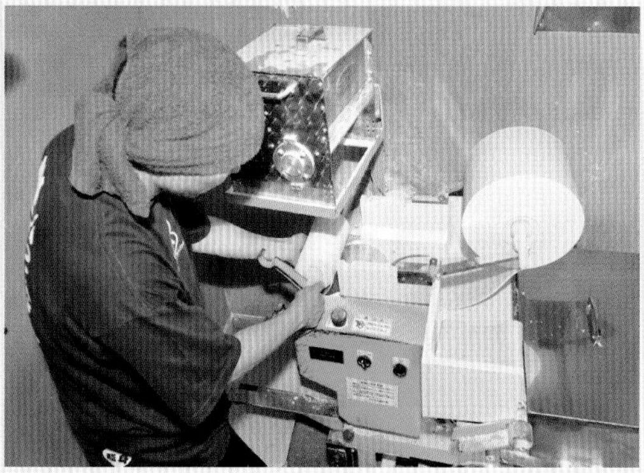

6 拂去麵粉的同時進行1次壓延作業。

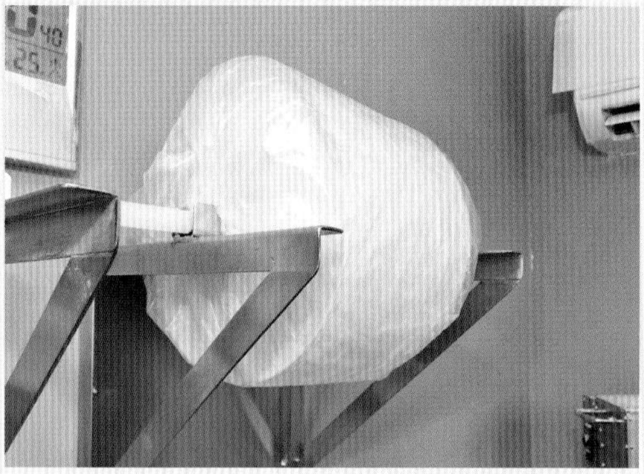

7 在做好的麵皮上套上塑膠袋，在開著空調的涼爽室內至少熟成1小時。

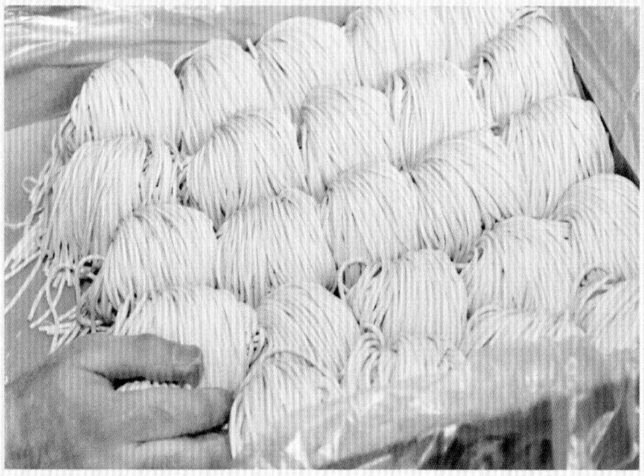

8 將熟成的麵皮切開。切好的麵條在常溫下靜置，並在第二天內用完。

溏心蛋

溏心蛋的材料

雞蛋、醃漬醬汁（濃口醬油、醬油醬汁、水、日高昆布、味醂、柴魚片）

1 在放置於常溫下的雞蛋蛋殼上戳一個洞。

2 煮雞蛋時間為7分30秒～8分。依據不同季節調整。

3 雞蛋煮好後，用流動冷水沖，使其冷卻。

4 將濃口醬油、醬油醬汁、水、日高昆布、味醂、柴魚片混合加熱，製作醃漬醬汁。等味醂的酒精蒸發完後關火。

5 剝掉雞蛋殼。

6 將雞蛋放入還熱騰騰的醃漬醬汁中。也一起放入昆布，醃漬1晚。

7 第二天一早將昆布拿掉後使用。

叉燒

叉燒的材料

豬五花肉、醬油醬汁（濃口醬油、粗鹽、砂糖、日高昆布、大蔥、蒜頭）

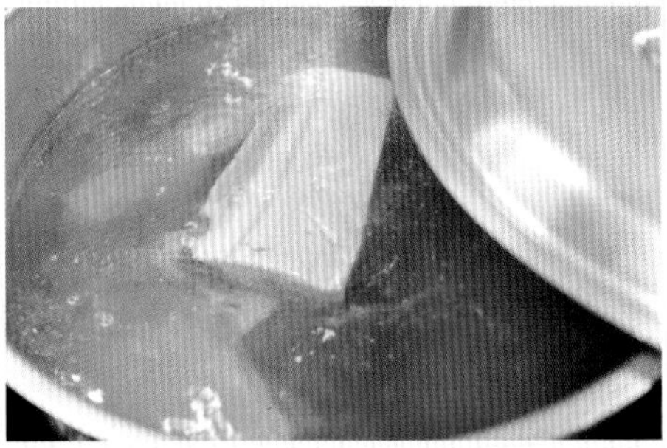

1 將豬五花肉以塊狀直接放入水中，內外圈火全開，轉大火。沸騰後關掉外圈火，慢慢熬煮。

2 途中肉會浮起來，肉會從湯中浮出，因此為了受熱均勻，需要仔細將鍋內攪拌均勻。

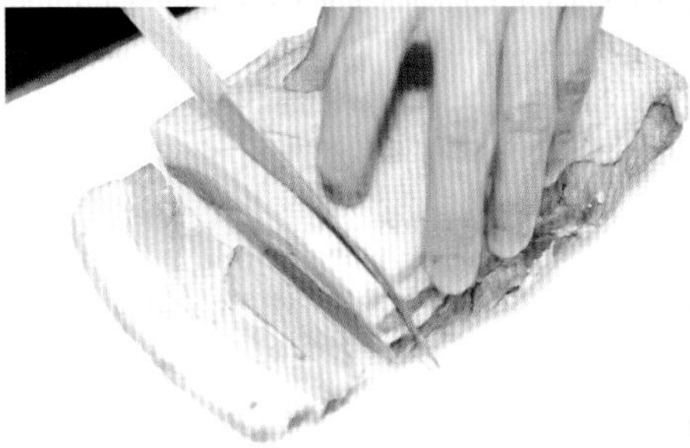

3 熬煮3小時後，將肉從鍋內取出。在從鍋內取出的熱騰騰狀態下用醬油醬汁醃漬1小時。從醬汁中取出叉燒，等餘熱散去後，用保鮮膜包好放冰箱冷藏。靜置1晚後再使用。

KaneKitchen Noodles

■地 址：東京都豊島区南長崎5-26-15 マチテラス南長崎2F-A2F-A
■電 話：03-5906-5377
■營業時間：11時30分～15時、18時～21時，星期日為11時～15時
■公休日：星期一

溏心蛋醬油拉麵
880日圓

大量使用3種名牌雞肉和鮮味十足的蛋雞，使用透過豬大腿骨湯頭提升了雞肉甘甜的清湯。但是如果只用雞肉的話，在一些風味上有稍顯不足，因此透過昆布、香菇等乾貨類和貝類進行加強。醬油醬汁重視顏色和香氣，組合使用多種醬油。配料為雞胸肉和豬肩里肌叉燒兩種，還有在以柴魚片為基礎的醬汁中醃漬過的溏心蛋、筍乾、白蔥、山芹菜。最後再淋上一圈雞油，凸顯出香氣的衝擊感。

鹽味拉麵 780日圓

使用與「醬油拉麵」一樣的湯頭。鹽味醬汁的食鹽為沖繩產SHIMAMASU鹽、蒙古岩鹽、蓋朗德鹽、瀨戶內鹽等4種食鹽混合。不過光是靠鹽是沒有鮮味的，因此加入了泡軟乾貨的湯汁、牡蠣、蛤仔，還有雞湯。麵條使用向東京久留米的「三河屋製麵」特別訂製的中粗直麵。考慮到實際操作的問題，所有的菜單都使用同樣的麵條，但會改變煮麵時間展現差異。清爽的鹽味拉麵上還會再放上穗先筍乾和紅蔥。

清湯的製作秘訣在於溫度管理和不翻動雞骨類

「要在東京都內開店的話，湯頭的濃度較高會比較能夠吸引客人。」店主金田廣伸先生這麼說。以味道濃郁的名古屋Cochin雞全雞與吉備雞全雞、阿波尾雞雞骨架為基礎，再加入鮮味十足的蛋雞提升整體風味。並以雞翅加強濃稠度，為湯頭帶出濃厚感。將雞骨架、全雞事先處理乾淨非常重要，如果內臟沒有去除乾淨的話會有雜味，要特別注意。此外，為了製成清澈的清湯，秘訣是在熬煮的過程中不要翻動雞骨架等，還有就是溫度管理。溫度控制在50℃～60℃之間，熬煮1小時，再將溫度上升到94℃熬煮3個半小時～4個小時即可完成。途中會加入泡軟乾貨時產生的湯汁和在不沸騰狀態下熬煮6小時製成的豬大腿骨湯頭，不過加入的時間要依據湯頭的香氣與顏色進行判斷。

■『KaneKitchen Noodles』的湯頭製作流程

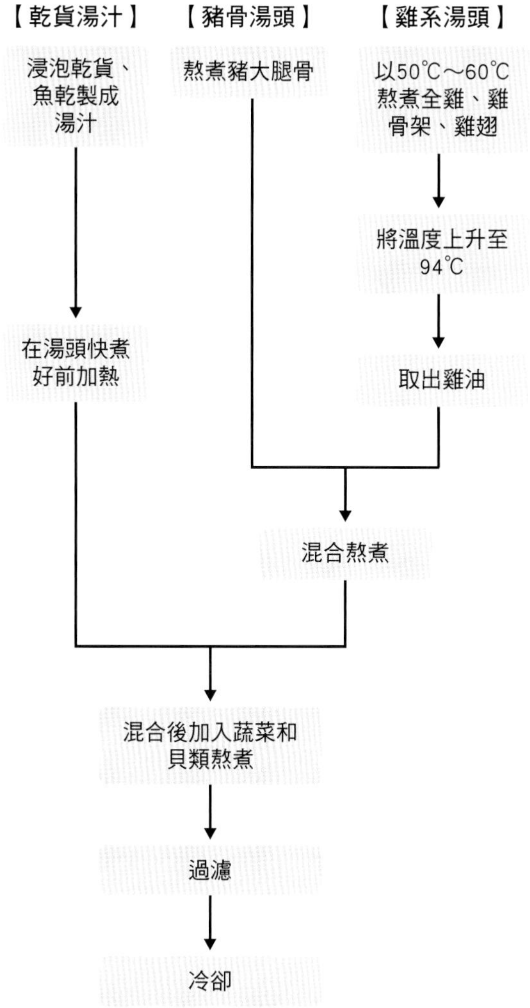

豬骨湯頭

豬骨湯頭的材料

豬大腿骨

1 在小鍋中加入洗淨的豬大腿骨和水，沸騰一次後撈除雜質。之後不再沸騰，調整火力強弱熬煮6小時。期間要注意加水，最後將熬煮出2～3公升的湯頭。

雞系湯頭

雞系湯頭的材料

名古屋Cochin雞全雞1隻、吉備雞全雞2隻、阿波尾雞的雞骨架5公斤、雞翅6公斤、蛋雞全雞12公斤、豬大腿骨1/4條、真昆布18克、乾香菇18克、斑點莎瑙魚魚乾75克、宗田柴魚片35克、鯖魚乾片15克、蚌蠣500克、蘋果1/2個、洋蔥1/2個、水25公升

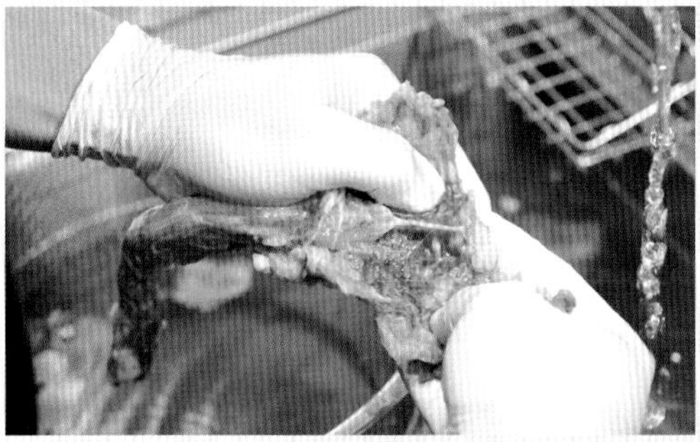

1 去除粘在雞骨架上的內臟。內臟要用清水沖洗乾淨，否則會留下雜味。在加入水的深底湯鍋內先放入雞骨架。雞骨架如果移動的話就會散開，湯頭會變混濁，因此要放在最下面。

2 將IH調理爐的溫度設定為57℃，開始加熱。接著將洗淨的雞翅放在雞骨架上。IH調理爐不需要調整火力大小，能夠保持溫度，控管很輕鬆。

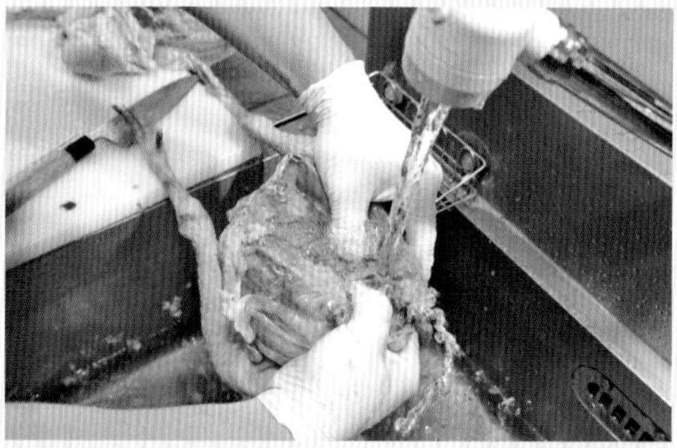

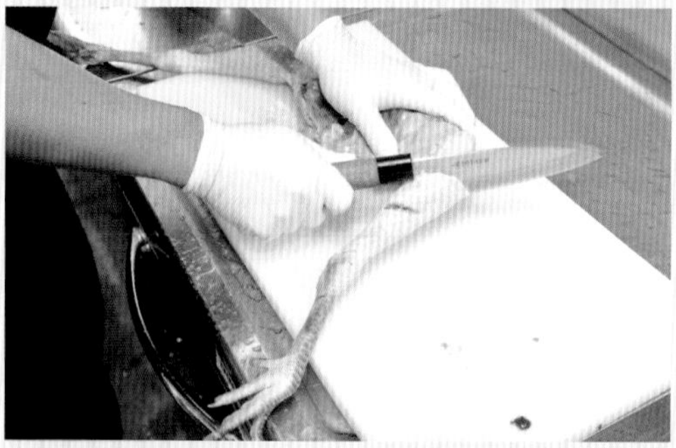

3 接下來將名古屋Cochin雞殘餘的內臟去除，用菜刀稍微切一下雞腳、雞翅、頭等部位，這樣比較容易熬出味道，再放入深底湯鍋中。

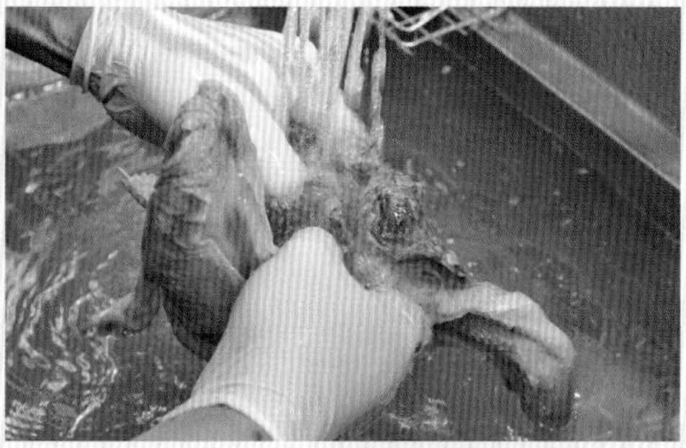

4 吉備雞也一樣將殘餘的內臟去除乾淨。將全雞一切為二，這樣容易熬出味道。

5 最後的蛋雞也洗淨內臟，放入深底湯鍋中。在上方放上裝了水的碗，增加重量，讓雞骨架不會移動。將溫度保持在50℃～60℃約1小時。

6 將溫度提升至94℃，約1.5～2小時後，將最上層的油舀出作為雞油。舀出的雞油先放在透明容器中，可看見湯和油的分離，更容易提取出油。油具有保溫的作用，因此不要完全取出。

7 將雞油全部取出後，加入在另一個鍋中熬煮的豬大腿骨湯。豬大腿骨湯不容易出現雜質，因此不需過濾。

8 再次用裝了水的碗增加重量，以94℃熬煮1小時。

9 將使用乾淨的水浸泡了2～3小時的香菇、小魚乾、柴魚片、鯖魚乾片稍微加溫後，放入深底湯鍋中。蚌蠣用鹽水浸泡後，連殼一起放入鍋中。

10 加入切片的蘋果與洋蔥。因為溫度會下降，因此再次將溫度上升至94℃，再保持該溫度30分鐘～1個小時。

11 湯頭是否熬煮好，要依據顏色、香氣進行判斷。採訪時是在加熱到94℃之後3小時45分完成。

12 用手取出上方的全雞，注意不要移動到下方的雞骨架。調理時將全雞放在上方，使得雞湯完成後更易取出。

13 在粗目的濾網下放上另一個細目的濾網，以這樣的雙重濾網過濾湯頭。為了不移動雞骨架而使用小鍋慢慢舀出。

考慮到顏色、味道、香氣的平衡，混合使用數種醬油

透過使用多種醬油，構築顏色、味道、香氣的良好平衡。例如，溜醬油可帶出濃郁香醇、濃口醬油與二段式發酵醬油可提升顏色、生醬油可帶來香氣，各種醬油都發揮著各自的作用。將醬油以62～64℃加熱1小時後再使用，生醬油不耐熱因此最後再加入，可充分發揮了風味。金田先生認為「高湯會妨礙醬油的香氣」，因此醬汁僅由醬油和調味料構成。僅加入少量沙丁魚魚醬作為提味的佐料。

醬油醬汁

醬油醬汁的材料

丸中醬油、日本一醬油、弓削多醬油、笛木醬油、尾張溜醬油、正金醬油、沙丁魚魚醬、味醂、酒、醋

將不耐熱的日本一醬油以外的材料全部放入鍋中，以62～64℃加熱1小時。散去餘熱後，放置在冰箱冷藏一晚，第二天開始使用，1週內使用完畢。最後裝盤時再與正金醬油混合。

14 等到用小鍋無法舀出後，將鍋子傾斜倒出過濾。雞骨架崩壞的話湯頭會變得混濁，因此要慢慢地傾倒。

15 過濾出的湯頭連容器一起放在冰水內冷卻，1小時內溫度會下降到20～25℃。如果不盡早冷卻的話，香氣會飛散，會加快腐壞速度。

16 在溫度設定為3℃的冰箱內靜置一晚後再使用。冷卻的湯頭上方凝固的油脂含有雜味，因此要去除乾淨。

3 配料為雞胸肉與豬肩里肌叉燒2種、筍乾、蔥白、溏心蛋。叉燒使用鹽和香草鹽預先調味，再以豬油一起使用真空機低溫調理，在250℃的烤箱內烘烤表面30分鐘，外香內結實的油封式叉燒。

最後再淋上10ml雞油，凸顯出吃第一口時的雞肉香味與衝擊感。

拉麵的擺盤方式

1 在溫熱的麵碗內加入30ml醬油醬汁與5ml雞油，再加入300ml溫熱湯頭。雞油使用加入吉備雞的雞皮與蘋果提味後熬煮成的油，再和湯頭上層的油混合製成。

2 煮55秒撈起的麵條放入碗中擺齊。麵條使用向東京久留米的「三河屋製麵」特別訂製的中粗直麵，1碗140克。麵條為長麵條，吸入麵條時香氣四散。

著名拉麵店・店主講述

「何謂暢銷的拉麵？」

對於拉麵店來說，要成為生意興隆的店舖是非常難的事情，
但更難的是永遠保持生意興隆。
從1990年代後半開始，拉麵業界發生了巨大變革。
在此之前是以個人經營或加盟連鎖店為主流，
與此相對，在這一時期變成了由個人經營轉向多店舖經營，
上升到企業化經營的例子也增加了。
這種情況下，多數例子不是加盟連鎖，
而是以增加直營店的業態為主流。
這樣做的目的在於防止因為輕易開展多店舖而導致的
品質降低與陳舊化。
在1990年代後半，拉麵本身也發生了很大的變化。
掀起了「豚骨」「在地」「和風豚骨」「沾麵」等浪潮。
近年的拉麵容易受到流行影響。
換言之，順應流行的時候氣勢很足，
但一旦流行退去後，店舖跟著衰退的情形也很多。
在動盪起伏劇烈的拉麵業界，
能夠持續10多年都生意興隆的店，
是十分寶貴的存在。
這類「一直昌盛的拉麵店」
到底是如何保持成功的呢？
本次我們採訪了成功做到「有名人氣店舖」、
「創業15年以上」、「多店舖展開」這三點的5位店主，
請他們告訴大家生意持續興隆的理由、現在的拉麵動向、
如何看待現今拉麵界、以及如何把握今後的發展方向。

「拉麵是超越了世代界限的食物因此比起衝擊力更應重視鄉愁」

千葉憲二先生

（有）ちばき屋 董事長

我開店的那個時候，還是拉麵專賣店很少的時代。即便在東京都內大概也幾乎只有繁華街和環七沿線吧？

因此在葛西以「只賣拉麵」來一決勝負，在當時也許太過冒險了。

關於味道，當時流行的是所謂「油膩膩豬油」系，但我一開始就決定想要以傳統的支那蕎麥麵來一決勝負。只是靠醬油味的乾淨湯頭想要發揮出特色和衝擊力是很困難的。

因此成為大排長龍的店大概花了3年左右吧。在店裡客人開始增加的這個時機被媒體報導，之後就一下子就人氣暴漲了。

所謂熱潮終歸會退去

從那之後大概5年左右一直都順風順水的，不過2002年左右開始就沒那麼順利了。這點同時期人氣暴漲的同行應該都有遇過。

不過我從以前就認為「應該不會一直這麼順利的」。

拉麵的流行是不斷出現衝擊感強烈的拉麵。像我們店這種偏向清淡口味的拉麵，也許會被重口味的拉麵影響。甚至我們也有危機感，因為模仿我們的店舖也在增加，導致在客人眼裡我們不再是特別的店舖。

與拉麵正面交鋒非常重要

此時我思考的不是要如何「改變味道」，而是透過「專研味道」獲得客人支持。我認為乍看之下味道好像沒有任何改變，但不斷下功夫研究而慢慢提高品質這點很重要。

在我抱持這樣的想法讓拉麵不斷進化之後，營業額就沒有再出現過太大的波動了。

我認為拉麵是一種平民化的食物，因此也會

出現熱潮。如果跟隨熱潮也會勢如破竹，但既然是熱潮，那麼一定會有退去的一天。以我的親身體驗來說，這也是一個「重新審視自我的機會」，我認為是非常寶貴的經驗。

正因為沒有被潮流吞沒，而是「與拉麵正面交鋒」，因此才能夠一直持續經營店舖、持續研究出美味拉麵。

不論多麼流行的店舖，終歸會有氣勢衰退的一天。並不是因為味道不如從前了，而是因為味道沒有向前邁進。

我認為拉麵不是比誰更具衝擊力

我覺得今後拉麵也還會出現新的熱潮，也會有新的拉麵登場。

但關於味道方面，也許能出現的版本都已經出現了吧？至少我認為可讓人說出「這是以前未出現過的味道」的口味不會再出現了。

就我的觀點來看，拉麵追根究柢難道不是一種飽含「鄉愁」的食物嗎？說到拉麵，似乎容易讓人感覺是在追趕流行和時代，但我不這樣認為。說是普遍的真理有點誇張，但倒不如說不隨波逐流的味道才會留存下來。

雖然我們店舖開業25年了，但我完全不覺得我們店已經是老店了。雖然也不是新人了，應該算是中堅力量吧。即便如此最近也有客人說自己是從父母那一輩開始就一直來光顧我們店的了。這是非常感激的事情，這說明「自己的店舖多少還是受客人信賴的」吧！得到父母與子女兩代人的支持這件事情，與將來獲得祖孫三代人的支持是息息相關的。

我覺得這才是拉麵應該抱持的目標。追求衝擊力固然重要，但總有一天客人會厭煩。衝擊力可以作為特色存在，但比這更重要的是基本的美味。

重要的是要不斷徵求客人的意見

如果你想開拉麵店、想讓店舖成功，那麼我認為重要的是要有「製作出對客人來說最美味的拉麵」這一想法。這與「製作出自己認為最美味的拉麵」是有所不同的。「自己認為最美味」這種想法缺少了「客人是如何感覺的呢」這一視角。當然如果不相信自己的感性是無法製作出美味拉麵的，但我認為應該以自己的感性作為鏡子，並抱有「客人是如何覺得的呢」這一意識。

還有一個重要的事情就是一直要保持這種意識。即便店舖很受歡迎，如果停滯不前，總有一天客人會不再前來。因此要總是抱有危機感，不斷持續下功夫讓拉麵變得更美味。

（有）ちばき屋

1992年於江戶川區葛西創業（創業25年）
現在由他經營的拉麵店有3間「ちばき屋」、1間「㐂蔵」、2間「かもめ食堂」。此外還身兼日本料理師傅，經營2間「まかない㐂 一」和食店

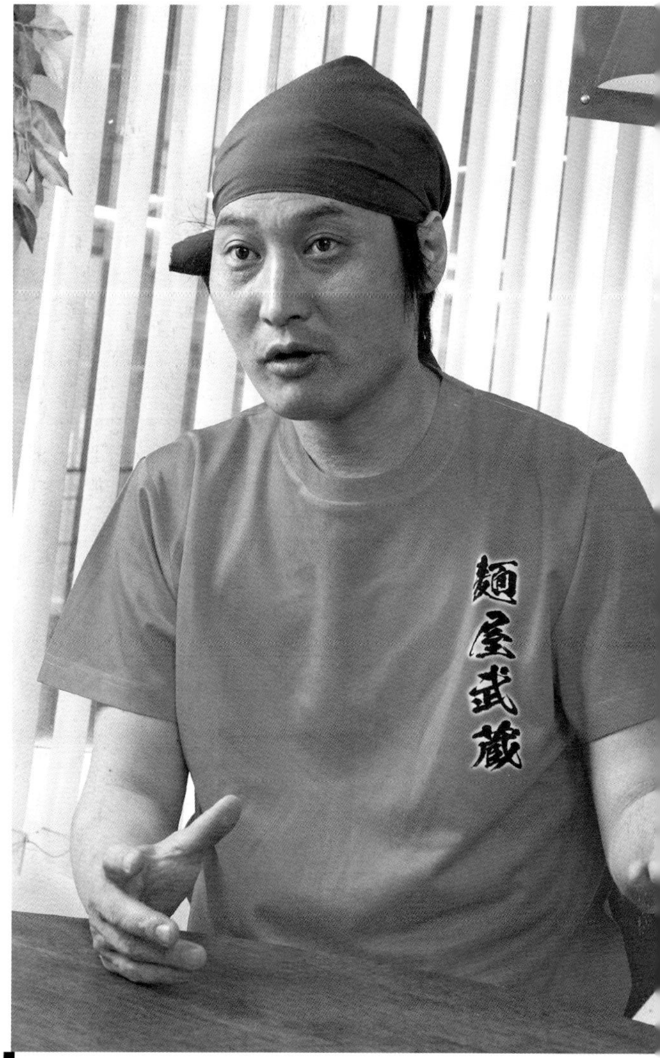

矢都木二郎先生

（株）麵屋武蔵 董事長社長

「確立品牌比任何事情都重要 為此要徹底追求能讓客人高興的事」

從一開始我的目標就是要加盟經營沾麵店，作為修業處選擇了我認為「最棒的店」而進入了麵屋武藏。不過在師傅讓我學習各式各樣的事情之後，我意識到與其自己獨立開店，還不如在這裡持續做到最好。因為麵屋武藏的環境很寬鬆，如果你跟師傅提案說「我想嘗試這種做法」，那麼他會讓你自由去做。而且比起個人來說，還是公司比較有名氣，資金也充足，員工也都很能幹。

師傅（山田雄先生）是一個會優先考慮「帥氣」的人。他的口頭禪是「這個很帥氣，來做吧」、「這個不帥氣，不要做」。師傅以前是做服裝業的，因此具有敏銳的洞察力和品味。所以他總能一眼看透什麼東西很帥氣。

為打造世界第一的拉麵品牌 以革新和優質為目標

我認為我的工作是將麵屋武藏打造為「世界第一的拉麵品牌」。好的品牌是讓人一聽到名字就能立刻浮現出價值形象。那不僅像是保時捷和LV那樣的高級品牌，而是和UNIQLO與宜得利家居一樣，我的目標是讓人們只需聽到麵屋武藏就能浮現出特定的形象。作為聯合品牌，讓每個店舖提供不同的味道、與各式企業進行合作、在日本只在東京都開店等都是為了向客人展現麵屋武藏品牌形象的企業戰略。

另一個在品牌塑造時意識到的事情就是以「優質革新」為目標。所謂「革新」指的是一直走在時代尖端的意圖。我喜歡邊走邊吃，總是靈敏地捕捉「現在流行什麼呢？」如果發現「就是這個」的東西，我就會積極引入。但我對拉麵的流行則沒有興趣。如果模仿其他拉麵業者那就太沒新意了。不過還是會反省「我們不是潮流的引領者」這一點。

老實說我覺得拉麵是一種「容易被人厭倦」的食物。為了不被客人厭倦，需要不斷想出新提案。當然不是隨便什麼新的東西都行。至少要在具有「麵屋武藏特色」的基礎上進行。

所謂「優質」指的是「讓客人喜歡」。雖然塑造形象很重要，但如果不是正面形象的話就沒有價值。為此讓客人獲得滿足非常重要。為了贏得客人滿意，不光味道要好，服務、氛圍，甚至舒適性等所有部分都必須注意。

（株）麵屋武蔵

1996年於港區青山創業（創業21年）
現在 於東京都內擁有14間直營店。海外在香港、台灣、新加坡、中國、烏克蘭、夏威夷授權展店。矢都木先生於2001年進入公司，2013年出任第二任社長。

開拓拉麵店的未來

麵屋武藏從今年開始正式聘僱高中、大學應屆畢業生。

為什麼要錄用應屆畢業生呢？原因還是在於他們「是一張白紙」吧。

老實說，與其他職業相比，拉麵業界在待遇、勞動環境兩方面都不算好。這些不好之處就意味著無法留住足夠的人才。

以前立志從事拉麵行業的人基本上都是以獨立開店為目標的。因此在拉麵店工作就被比喻成所謂的修行。因為是修行，所以待遇不好也是沒辦法的，不論是經營者還是從業人員應該都有這樣的覺悟。但是現在基本上已經不太有人想要獨立開店了吧。這樣一來優秀的人才就不願意到拉麵店來上班了。

拉麵業今後想要繁榮發展下去，優秀的人才是不可欠缺的。因為不管怎麼說，讓人滿足還是要靠人的力量。為此必須讓拉麵業成為一個有魅力的職業。在麵屋武藏，我們讓員工可以選擇ABC和工作態勢。工作時間長的話可以多休假，或者各自選擇自己方便的輪班時間。客觀來說待遇方面也變得可以和其他行業進行比較了。現在也還在努力想辦法吸引人才。

我一直跟員工說「要成為不管到哪裡都通用的『人財』」。這是說即便離開了拉麵業界也還能生存。這也是對我自己說的話。每個人都能夠對自己的技能抱持自信，這與真正意義上的「確保安心的將來」緊密相連。

在麵屋武藏，店長是實質上的經營者。不論是菜單開發還是營業額都由店長負責。相對的營業額與收入也息息相關。我甚至連味道確認都不進行。不過我會讓店長之間互相試吃，讓他們練習資訊交換、切磋琢磨。

為了培養人才，我們還讓員工與別的行業交流或參加志願服務，開拓視野。今後也會努力讓拉麵行業成為有魅力的職業。

拉麵是不健康的飲食文化，一直堅持不健康的 STYLE 就是自己的風格今後也不想改變。

古谷一郎先生

(有)なんつッ亭董事長

我最初開的店是在秦野的住宅街內，就店舖選址來說幾乎是最糟糕的地方了。這是我以距離我家近和房租便宜為條件搜尋的結果。

即便如此還是在1年後達到了每天銷售100碗左右的成績。現在回想起來雖然只有100碗左右，但當時和我老婆兩個人就忙到暈頭轉向。

從那時起我們的店就在網路上成為話題，客人也開始不斷增加。只是可能秦野距離東京太遠，媒體一直沒有理睬我們。真正人氣暴漲是在品川開了新店之後吧。雖然自己這樣講有點不好意思，但那之後真的是勢如破竹的感覺。不管在哪裡開新店，生意都和總店一樣興隆。

雖然周圍有人說「這種熱潮肯定一下就退去了」，但不論過了5年還是過了10年都一直都順風順水的。現在想起來很明顯有點得意忘形了呢（笑）

氣勢受阻大概是在第15年左右吧。發生地震後客人開始變少了。那之後就一直保持穩定的狀態至今。

果然沒有人才就無法堅持美味、無法長久流行

即便在非常順利的時期，也有過失敗經驗。我們曾在池袋開分店，不過順利的只有最初的第一年。第二年開始銷售額下降，結果才開了3年就關門了。

失敗的原因在於味道不好。不斷調整了好幾次味道，但都失敗了。

原因在於沒有能夠經營店舖的人才。在只有總店的時候，我培養了3個值得信賴的員工。讓他們當上了分店長，到池袋分店的時候已經沒有人才可以分配了。結果導致池袋分店換了好幾任店長。

我也想了很多辦法。比如設置監察員每天巡查，盡可能製作詳細的作業手冊等。我甚至還想過是不是我們的湯頭需要熬煮很長時間，這點成為了負擔，因此甚至從其他店運來湯頭。但都以失敗告終。

到頭來還是人的問題。我沒有為他們培養出想要為客人提供美味拉麵的熱情。這點是需要反思的。

重要的並不是聚集優秀人才
而是凸顯出這個人優秀的部分

業內其他店家也努力想聚集優秀人才，不過我們的店就沒辦法。不管我們花多少錢徵人，不論開出了多好的條件，根本就無法招到人。連選擇人才的餘地都沒有。

不過最近我覺得這也未必就是壞事。只要一個人認真，肯定會有好的部分。不會煮麵但會待客，雖然手腳比較慢但很仔細。本人已經很努力了，但就是無法克服不擅長的事情。如果我們教育員工說「必須任何事情都能夠獨當一面」，這樣的話員工肯定一個一個辭職走人了。

我現在採取的方式是不擅長的方面就算了，讓他們做自己擅長的部分就好。

我發現這樣做之後，出人意料地培養了不少人才。有一些做其他工作失敗後進入我們店的人，現在非常熱情地在我們這裡工作著。

我自己也不是什麼優秀的人才，因此我覺得為那些對自己失去信心的人帶來勇氣或是自信是我的責任，對於人手越來越不足的拉麵行業來說也是一個好方法。雖然這也還有很長的路要走。

拉麵說到底就是垃圾食品。
為了支持者我們會繼續努力

我們一直招不到人，我想和自家品牌的形象也有關係。我們家的拉麵給人的感覺是不健康的藍領系拉麵吧？

但我並不想改變這一形象。

我聽說最近有很多引入法國或義大利風格的時髦店舖在增加。這樣其實也不錯啦，但是我不會這樣做。因為那些都是以有錢人為客群，提高了單價的生意吧。我覺得拉麵是庶民的食物，我也喜歡平民階層的人。

實際上我們店舖不管在哪裡都肯定會保持餐飲店的基本清潔度，但不會在裝修上花費成本，也不會使用高級食材。我覺得我們的拉麵還是具有拉麵應有的「特色」。

先不論好壞，我們店是靠這種風格獲得客人支持的。只要客人認可我們，我們就不會改變這種風格。

(有)なんつッ亭

1997年於神奈川縣秦野市創業（創業20年）
現在經營著秦野總店、品川店、川崎店、水戶店、御徒町店、泰國曼谷2間店、新加坡分店。作為第二品牌的味噌拉麵「味噌屋八郎商店」。此外還在曼谷開設了燒肉蓋飯店「豚丼金太」。

白根誠先生

(株)誠フードサービス 董事長

「我覺得有新拉麵或是獨特的拉麵並無不可但更重要的是客人是否喜歡」

我是在2000年從上一代店主那裡繼承了店舖的，「中本」這家店本身創業將近50年了。因為上一代店主想要引退，因此曾是熟客的我就接手了這間店。幸虧如此，有很多當初的客人都前來光顧。

我們是以「蒙古湯麵」這種辛辣拉麵為主力商品，因此我覺得這是其他店舖沒有的特色。最近不辣的拉麵銷售額也有所增長，而「蒙古湯麵」其實是銷售總數的一半以下。即便如此「蒙古湯麵」也還是我們家的招牌。

如果有風格獨特的拉麵也不錯

我們店開始得到關注的時候，經常被同業戲稱是「一窩蜂」，甚至還傳出過「以拉麵來說根本是邪魔歪道」這種評論呢。

我對於現在的新拉麵店去挑戰獨特的、嶄新的拉麵風格是相當贊同的。

實際上，擁有自己個性的拉麵是具有優勢的。如果讓客人「一試傾心」的話，回頭率就會提升，還可能形成粉絲或是愛好者族群。這對店家來說是相當令人安心的喔。

關於風格個性這種特質，也容易成為話題，因而被媒體報導採訪的機會也就增加了。我認為這也是一大利點。

我們家的特色就在於增加辣度的功夫

但是也不是說只要有特色就好。那些感覺「不可能」的創意會讓企劃受挫，畢竟如果不好吃的話客人就不會再來第二次了。

我們店的拉麵作法也和一般拉麵不同。將蔬菜用炒鍋炒一炒，再用湯頭熬煮。製作步驟與其說像拉麵倒不如說像中華料理的製作方法。一般來說拉麵都是事先製作好湯頭、醬汁、配料吧。也就是說在營業前進行「事先準備」。營業時只需要煮麵和「擺盤」。而我們店則是在營業時用炒和煮的方式調理。這樣很花時間，而且必須有會料理的員工常駐，還需要像中華料理店那樣的大廚房。這樣效率不高。不過我覺得這樣做出來的拉麵很美味，這也是我們家的特色。不只是將普通的拉麵做成辣味拉麵而已。我們家的特色就是在增加「辣度」方面下「功夫」。

(株)誠フードサービス

2000年於板橋區櫻川創業（創業18年）
「蒙古湯麵 中本」現在除了上板橋總店以外，在東京都23區內有9間店舖、都內則是吉祥寺、町田、立川、東村山，神奈川縣則是川崎、相模原，千葉則是船橋。埼玉縣在大宮、草加。光是關東地區開設的分店就有19間店舖。

想要靠特色成功能獲得客人喜歡嗎？

有特色的拉麵會成功？還是會作為「一時流行的商品」而消失？其中差別在哪裡呢？

那就是「客人滿意」、「客人是否喜歡」。

如果是有特色的味道，那麼客人第一次會因為好奇心前來。但如果客人不滿意，那就不會再來第二次了。更惡劣的情況下可能還會在部落格上寫負評。

我在接手店舖之前，原本就持續20幾年都是前代「中本」的熟客，所以我很了解客人的心情。

那就是「期待」。客人們對前往「中本」這件事情視為某種「活動」和「娛樂」而樂在其中。「我想讓朋友吃看看蒙古湯麵，想看他們的反應」、「下次我想挑戰一下更辣的拉麵」、「中本的不辣拉麵是什麼味道呢」，我覺得就是這種興奮感在支撐著店舖。

我為了回應客人的這種期待，特地採用華麗的內裝。我覺得這種演繹也是讓客人滿足的一種功夫。

以員工為主的運營方式支撐店舖發展

我們店的正式員工很多。19間店舖總共有100個正式員工。因為我們家的員工如果不會料理的話就無法營業，為此如果沒有正式聘僱的員工的話會無法順利進行。

我們店內還有很多店員是因為喜歡「中本」而加入的。多虧了如此，員工的工作熱情都很高。

各分店都有自己的原創菜單。拉麵有很多變化也是我們家的特徵，這也是為了向客人提供「選擇的樂趣」。這種菜單的製作也都是各店長的提案。

我覺得對於努力經營的員工必須提供相應的待遇、好評和機會。

開分店也取決於員工的培養狀況。因此培養出人才後，為了給予他相應的待遇並且發揮他的長處而開設新店。

今後的目標是準備在美國開分店。若能開設海外店鋪的話，想挑戰一下在美國開分店，這也是我的夢想，當然也是想讓員工擁有更高的目標意識。

以多店舖展開的情況下為了要長久持續需要與此相應的系統和遠景

田中剛先生

（株）GMS 董事長

就我來說，在「田中商店」開業之前，就在一間叫作「金太郎」的拉麵店內工作了5年。所以我開啟拉麵職人生涯是在1995年。最初沒有什麼客人來。畢竟我們店提供的是味道強烈的濃厚拉麵，客人對這種風味好惡分明。我自己也認為：「如果有10個客人前來，裡面有1人或2人喜歡就好了。與此相對，如果客人喜歡的話，我會想辦法讓客人更喜歡。」

因此花了大概3年才做到大排長龍吧。而且不是一下子增加的，而是一點一點增加的，甚至可以說是在我們都沒有察覺的情況下，等我們發現時客人已經大排長龍了。不過在這之前的3年時間對我來說是非常寶貴的經驗。

「金太郎」有自己的老闆，所以我最後離開那裡，以自己的力量開了「田中商店」。幸運的是我在「金太郎」的老客戶都記得我的樣子，之後我在網路上出名後，大概半年後我們店舖就成為大排長龍的店舖了。

我出生於青森縣，雖學習過中華料理，但最終還是選擇了博多拉麵。於是我想要「製作正宗的博多拉麵」。也許福岡出生的人一般都會煩惱自己做的拉麵到底是不是正宗的博多拉麵吧？不過我只是稍微改變了一下就被人說是「博多風」。因此我徹底講究正宗的味道。

但我這個人也許比較多情吧，對各種拉麵都很有興趣。因此我也想嘗試一下和博多長濱拉麵完全不同的拉麵。於是我想到的就是我的老家青森縣的拉麵。青森也有各式各樣的拉麵，其中有一種製作麵條時不加入鹼水，也不會漂浮著油脂。這種拉麵在東京還沒有人在賣。因此我想以自己的方式製作「最美味的青森拉麵」提供給客人。這就是「つし馬」。

「田中商店」的拉麵是以「麵硬、豬骨腥臊味、甘甜」為主題的正宗博多濃味拉麵，而「つし馬」的拉麵具有強烈的小魚乾風味，儘管如此還是「讓人感覺到具有青森特色」的清淡味道，兩者都很有特色。

因此接下來我又想製作出「任何人都覺得美味」的拉麵。這就是「田中麵店」。

原則上我一般不推出「期間限定拉麵」。因為新的味道我會想在新的店舖提供給客人。

開發一款拉麵至少要花1年

我總是在思考如何製作出新的拉麵。因為我本來就很喜歡拉麵，獲得各種靈感後就會想製作成具有自我特色的拉麵。

在思考拉麵方面我認為重要的當然是美味第一，但其他還有「無論吃多少次都不會膩的味道」、「給客人留下深刻印象，還會想再吃的味道」。

就我來說，開發一款新拉麵最少需要1年時間。

首先明確確立「想吃這樣的拉麵」的印象，再開始試做。特別是必須加入讓客人感動的要素——「刻骨銘心的魅力」。

不斷進行試做，等到製作出可以很有自信地說「這個很美味」的味道後，還要再等一段時間。因為需要確認是否「吃了好多次還是覺得美味」。

之後1個月、3個月、半年後還會試吃。如果覺得「膩」，那就只能放棄了。

我的目標是「可以深受客人支持十年以上的味道」。我只會把有這樣信心的拉麵作為商品。

開發出即便自己以外的其他人製作也是同樣的味道的製作方法

我認為「拉麵最重要的是味道」。當然價格、服務、裝潢等重要的部分也有很多，但不管怎麼說最重要的還是味道。

如此一來，重要的就是要如何維持美味。如果味道發生了改變，那麼就無法製作出美味拉麵。不過我沒有設置中央廚房。因為我想為客人提供在店舖內製作出來的新鮮湯頭，也想讓員工擁有作為拉麵職人的自豪感。

因此我從開發階段開始就非常重視「無論誰來製作都可以保證美味」。我會將自已以外的其他人來製作這一點考慮進去，努力研究出「任何人來製作風味都不變」的製作方法。也就是避免產生讓風味出現差異的作法。我們公司每個品牌的拉麵製作方法都完全不同，員工也不會固定在一個地方，而是各店調動，但不管是由誰製作，味道都不會變化。

（株）GMS

2000年於足立區一ツ家創業（創業17年）
現在展店包括博多長濱拉麵「田中商店」（東京都內2間、台灣1間）、青森小魚乾中華麵「つし馬」、以東北各地的味道為基礎的「中華麵專門 田中麵店」（東京都內3間、仙台1間）、以溫和拉麵為主題的「中華麵 田中屋」。除了拉麵之外，也經營匯集日西中三種飲食風格的餐廳「料理 やま本」。

寫給想要開拉麵店的朋友

拉麵Q&A

對開業指南大有幫助
給正在進行拉麵修業中的
學生們的疑問解答集

回答者
拉麵監製
宮島 力彩

開業前的不安與迷茫

對開業指南大有幫助，給正在進行拉麵修業中的學生們的疑問解答集

Q1 開拉麵店真的能賺錢嗎？

A 這取決於以何種型態開設拉麵店。

最近拉麵店出現了因為過於講究「味道」而導致成本率提高的傾向。

拉麵業界的競爭激化，而且這個業界具有拉麵流行變化很強烈的獨特傾向，比如接下來會出現什麼味道呢？接下來會是什麼樣的拉麵呢？為了使用其他拉麵店未使用的特選食材等製作出拉麵，成本率必然會提高。

如果在很久以前，對食材的講究會使得味道和其他店產生明顯的差別，因此相應地就不需要花費宣傳廣告費，但現在不論是什麼樣的拉麵店都十分講究食材，因此這種想法也行不通了。

硬要說的話，如果平均一碗拉麵不在一千五百日圓到近兩千日圓這個價格區間的話，要像今天這樣持續販售講究的拉麵是很困難的。

在我的拉麵學校內，每年有很多人從國外來學習，我去國外指導的案例也增加了。這讓我有機會從國外角度客觀看待日本的拉麵業界，之後我開始思考，實際上國外的拉麵價格和日本差不多。正因為存在匯率差，因此材料成本和日本差別不大。因此國外的拉麵店很賺錢，而使得拉麵行業很興盛。

在思考日本拉麵店的起源時，會發現以攤位販售的形式是其開始。拉麵說到底是一種讓平民可以輕鬆食用的食物，因此拉麵店應該是平民的朋友才對。

這樣的拉麵食譜，除了叉燒以外的食材都是相對便宜的，在熬煮湯頭時會連叉燒一起準備，為叉燒提味的醬汁就直接用作拉麵的醬汁。從現在的製作方法來看，乍看之下也許會覺得那是很單純的，但作為生意來說並未欠缺檢視一碗拉麵多少錢這個視點，因此可以說商業感覺比現在成熟很多吧。

為了配合售價而降低現在的拉麵品質，已經是很困難的事情了吧。

如果想要以那麼高的食材成本來製作拉麵，那麼就只能努力提高售價，或是以便宜的食材製作出優質的拉麵。這裡所說的優質所指的，並不是食材的好壞，而是要製作出讓客人吃一次後就難以忘懷的衝擊感「口味」。

我有時會受託再現興旺店鋪的「味道」，發現很多在營業方面表現優秀的拉麵店「味道」，卻意外地是使用便宜的材料和簡單的手法，巧妙地創造出了具有衝擊感的「味道」。

Q2 我知道開拉麵店會很辛苦，但不知道到底多辛苦呢？

A

我想在立志開拉麵店之前，應該很少有人會知道拉麵店真正的現場情形吧？大部分人關於拉麵店的形象都是依據媒體資訊進行想象的。

雖然每個人想開拉麵店的動機各有不同，甚至有人在思考要開何種飲食店時，是因為採用排除法最後留下來的只有拉麵店這種原因，比如「我沒有使用過菜刀所以還是開拉麵店吧」、「我不喜歡居酒屋要應對喝醉酒的客人所以還是開拉麵店吧」。

此外那些說「我知道開拉麵店會很辛苦」的人，應該大多數也是覺得「也許會很辛苦吧」，也有人是在真的開了拉麵店後才發現那種辛苦程度大大超過了自己的想像。

當然也是有辦法相對簡單地開一間拉麵店。加盟連鎖就是簡單的方法之一，不過雖然可以獲得各種方法技巧和總部的支援，但相對的也需要簽約金、專利費、食材購買義務等，如果營業後無法維持一定的營業額的話是難以獲得利潤的。

此外拉麵使用的食材——麵條、叉燒、湯頭、醬汁幾乎全都可以向業者購買。只要能夠巧妙活用這些材料就能夠減去相當多的現場作業，也會減輕身心的負荷吧。

不過這樣的店舖在客人眼中感受不到作為拉麵店的特別魅力。因為是以車站內或商業街的午餐時間等為目標，主打便宜、方便的營業形態，因此某種意義上過來說店舖選址是受限的。

拉麵店的開業方式各式各樣，但還是應該在瞭解了拉麵業界的實質和表象後，問問自己真的適合這個工作嗎？是自己理想中的行業嗎？如此自問自答應該就可以做出判斷吧。

Q3 我想事先瞭解拉麵店成功的秘訣。

A

最重要的首先是店舖選址。請記住如果選址不好的話，靠「味道」是無法彌補的。其實有很多人描繪著這樣的理想，他們覺得只要能夠製作出讓人嚮往的那個「味道」，就能夠讓自己的店舖成為興盛店舖。

對於這種學員，我首先會對他說製作出理想的「味道」與店舖能夠興盛完全不是一回事。

首先拉麵店要興盛，不可或缺的要素中，最重要的是「是否選擇了客人可以輕鬆前來捧場的好地址」。

選好地址後，首先要思考作為拉麵店應該為地域內的客人提供什麼，再採取措施努力實現

開設拉麵店時打造一間興盛店舖的目標。
我認為與其他餐飲生意相比，想開拉麵店的人不重視店舖選擇的傾向很強。感覺很多人都誤以為只要製作出美味的拉麵，客人自然會找上門，這應該是受到媒體的影響。實際上這樣的事情根本不會發生。
也有人會說不可能的，我們當地就有拉麵店地段不好但還是很興盛！確實地段不好但還是巧妙地成功吸引客人的拉麵店是實際存在的，但這種店多數都是位於東京近郊等人口密度高的地區，或者不是位於都市但已經是祖上代代相傳營業的老字號名店。
而一般客人對於你即將要開業的這間拉麵店一無所知，也沒興趣。這是理所當然的事情。在這樣的狀態下還要在地段不好的地方一決勝負，這是十分輕率的。只要你希望拉麵店能成功，那麼選擇好的店舖地址是相當必要的。

Q4 我想靠自己的資金開業，大概需要多少資金呢？

A
這與上一個問題也是有所關聯的，很多想要開拉麵店的人會誤以為拉麵店是餐飲業中開店成本最低的。來找我諮詢的人之中，自己擁有３００萬～５００萬日圓的人佔最多。
與其他餐飲店相比，只有拉麵店是用相對的低資金就可開業的概念，這完全是誤解。大概是因為拉麵店的攤販形象深入人心吧？因為拉麵是離人們最近的食物，因此開設拉麵店時的準備資金也容易設定得很低。
很多店舖一看就知道是因為一開始的準備資金太少，之後只能在某種程度上妥協，在地段不好的地方開店。
第一間店就從這裡開始吧，等到這裡興盛起來，開2號店的時候再選好一點的地方，這樣想其實完全是本末倒置了。
要開拉麵店意味著要開創一份出色的事業。需要準備相當程度的充足資金。
我建議即便資金上沒有問題，也還是要借貸開業資金。因為資金量的多少就等同於開業手段的多少。
因為只有自己的有限資金，因此想要在預算範圍內開店，這是上班族時代的想法，如果想要自己創業的人必須完全丟棄這種上班族思考模式，轉換為靈活運用外部資金讓生意走上軌道的創業家思考模式。總是處於能夠借貸的狀態才是健全的。

Q5 對於經營拉麵店來說最重要的工作是什麼？

A

對於經營拉麵店來說最重要的工作首先是能夠確保資金周轉。為客人提供美味的拉麵讓客人喜歡，這是理所當然的事情，只不過是經營的冰山一角。

總結來說就是在發薪日是否能夠好好支付員工薪水，在付款日是否能夠好好支付供貨商的貨款，是否能夠按時繳房租。

動動口大談夢想是可以，但最起碼要能夠做到一個老闆需要做到的事情，這是作為一個拉麵店老闆最重要的事情。只有至少做到上述這些才可以說是一個拉麵店經營者。

Q6 是應該賣自己喜歡的「味道」的拉麵呢？還是應該賣家系或二郎系等有名的拉麵呢？

A

與其賣自己喜歡的「味道」，不如賣自己能夠接受的「味道」吧。老實說拉麵店的工作很辛苦。僅憑喜歡「拉麵的味道」這一個理由是難以保持良好狀態的。

此外，如果接受顧問的建議，比如這個地區流行家系，或二郎系比較受歡迎等，但自己無法接受卻照著專家說的做的話，也是難以保持將開店堅持到底的精力的。

經營拉麵店的人都瞭解，賣家的強烈願望是能夠傳達給客人的。你需要抱有這是自己能夠接受的「味道」，要賣這個給客人這樣的強烈心情。

Q7 我想和朋友一起合夥開拉麵店，這樣有問題嗎？

A

基本上還是放棄多人共同經營的方式比較好。

應該明確定位經營負責人，讓你自己成為唯一經營者。沒有比共同經營還要不負責任的了。雖然要珍惜朋友共同出謀劃策的心情，但你必須是唯一經營者。

既然經營拉麵店也是一種事業，那麼既有如理論所說般順利發展的情況，當然也會有很多進展不順利的情況。而明確結果責任才能夠向前進。

Q8 開業時需要做什麼樣的宣傳呢？

A 開業時的宣傳仍然是最大的宣傳機會吧。在社區等處開店時，連休假期前夾在報紙中的傳單等即便是現在也還有效果。

但是開業景氣下滑後，一般的廣告就無法期待太多效果了。

與其花費廣告費用，還不如努力提昇當初的第一印象。之後推薦活用臉書（FB）或推特（Twitter）等社群網站。

以作為商品的拉麵為主，靠宣傳吸引客人，店內則靠拉麵的味道、服務、店內氛圍等，日常與客人的互動則活用社群網站，以這樣的感覺混合各式各樣的手法，在廣泛意義上進行店舖獨特的宣傳活動，可以說就是今後的拉麵店的宣傳秘訣吧。

在開幕當初牢牢抓住地域內的客人，慢慢擴大好評，需要努力做到千萬不要只有開幕期的熱鬧，而是持續保持店舖的發展氣勢。

Q9 開業後1～2年就失敗的原因前三名是什麼？

A 第一個原因就是開業時的準備不足吧。雖然湯頭還沒有準備好，但是開幕傳單已經發出去了，沒辦法還是準時開幕吧——在開幕日這樣做的店主其實不在少數。

大部分人都是第一次自己開一間拉麵店。因為是第一次，所以會參考一些專業書或參加開業講座進行學習，但還是會發生很多計劃以外的事情。因此可能會發生到了開幕預定日卻來不及準備的情況。

在與人交往時，初次見面的第一印象是十分重要的。開店更是如此。即便說開幕時的準備是否不足會直接決定店舖成敗也不過分。

為了防止這種情況，我會對來我們學校的學員們說：「不要事先決定好開幕日期。」

第二個原因就是實際上並不瞭解拉麵店的工作，僅憑印象就開始了這份工作。

大部分對於拉麵業界的印象都是以媒體為中心獲得的資訊。某種意義上來說是被洗腦了。

在電視上經常會看到這樣的影片，有一間虧本的拉麵店，店內十分骯髒，拉麵也很難吃，然後老闆發奮圖強，先將拉麵店打掃得乾乾淨淨，再選用特別食材從一開始就好好提前熬煮湯頭，廢寢忘食製作拉麵，最終完成了美味拉麵，成功使得店舖大排長龍。而這與現實大相徑庭。

如果想要加入這個行業，那麼就應該先詳盡瞭解這個行業的表面和實質。因為拉麵這種食物是大家身邊很熟悉的食物，自以為對它很瞭解而草率開始是導致失敗的原因之一。

其他還有店舖選址時的妥協和資金不足等原

因，但作為第三個原因，還是計劃只制訂到拉麵店開業階段這一點吧。

要獨立開一間自己的店舖真的有很多很辛苦的事情需要處理。我發現其實很多人對於開業之前的階段會制訂詳細的計劃，可是對於開業1個月後、2個月後、1年後、2年後會是什麼樣的情形，完全沒有這樣的中長期計劃。

在開業後一段期間內，每一天都會很辛苦，但給人感覺只不過是不顧一切地拼命工作，等之後開業景氣下滑後才來想接下來要做什麼。

本來的目的就是要永久持續經營拉麵店，因此應該事先以長期的視角來制定開業計劃吧。

Q10 新店開在人氣拉麵店附近如何呢？

A

這也需要取決於該人氣拉麵店的選址條件，但就我來說是不會僅憑在人氣店舖附近這一理由就特地將店舖開在那裡。

在選擇開店地址時，應該以是否有客人為判斷標準。如果一個地方本來的地理條件不好，但卻有一間拉麵店生意非常好，那我不會在那裡開店。因為這不是可以光靠「味道」決定輸贏的。

應該大部分客人都是從相對較遠的地方特地為了該著名店舖而前來品嚐的吧。即便你在這附近新開一間拉麵店，那些因人氣店舖聚集而來的客人也不會進入你的拉麵店的。但如果該著名店舖所在地為有很多拉麵店的大街或是繁華街等有很多人潮的地方，那就另當別論了。

Q11 有的拉麵店明明之前很有人氣，後來為什麼冷清下來了呢？

A

是的，確實存在這樣的店舖。據某個有名店主在電視上爆料，說在大排長龍的超忙時期，「會將湯頭稀釋後提供給客人」。也許你會認為他很愚蠢，但也許人本來就是一種很容易自以為是的生物吧，如果繁盛狀態一直持續的話，會自以為這種榮景能夠永遠持續。正因為程度有差別，所以才會有很多類似那樣的事情發生。

就像「引以為戒」這個詞語一樣，希望現在繁盛的拉麵店經營者能夠時刻提醒自身。

衰退的原因往往隱藏在常勝期間時。希望大家能夠在常勝時就好好思考作為拉麵店應該做的事情，不斷設定新的目標，不斷攀上更高峰。

開業準備中的Q&A

對開業指南大有幫助給正在進行拉麵修業中的學生們的疑問解答集

Q1 我不知道什麼是好的店面。難道不是只要「味道」好，不論開在哪裡都可以嗎？

A

選址不好無法用「味道」來彌補。

想要開拉麵店的人之中，有太多人認為「味道」是最重要的，對其他事情幾乎不感興趣。

美味的店鋪不等於興旺店鋪。希望大家都能投入與製作拉麵一樣的熱情，培養尋找店面的眼光。

如果真的完全無法判斷出是好的店面還是不好的店面，那麼還是重新思考一下獨立開業這件事吧。因為有只相信其他人說的就草草簽約的危險性。畢竟是賭上人生開的拉麵店，店鋪選址還是應該由自己自信滿滿地決定。

自己選擇一決勝負的場所，對選址不妥協，如果沒有好店面，就延後開業。

Q2 我想事先瞭解一下，如果附近出現競爭店鋪該怎麼辦？

A

經常聽說在剛覺得店鋪的經營狀況好不容易穩定下來的時候，附近就開了新的拉麵店。作為店主來說內心肯定會惶恐地認為多了競爭的店鋪，銷售額肯定會減少吧。開始的1～2個月左右肯定會受到競爭對手的店鋪不少影響，但應該把這段時間看成是研究競爭對手店鋪並且再次思考自己店鋪魅力的機會。

一般2個月左右後，對手店鋪的影響力會開

始減弱。應該瞄準這個時期，展開新商品或新企劃等。

拉麵店一般以研發味道、進貨、收拾整理等店內作業為工作重點，時間是被分割開來的，但每天思考店舖可為地域內的客人做些什麼並且實行，不僅是拉麵店，也是所有店舖經營者的重要工作。自己的店舖如何在平日為客人做些什麼，在出現競爭店舖的時候才會顯現出真正的價值來。

Q3 應該如何決定開幕日呢？

A

事先設定好開幕日，再進行開業準備，這樣的說法聽起來很好聽，也許你會認為確實如此。

我們從國小的時候開始就被教育說任何事情都要先訂好計劃再執行。也許因為作為社會人士或某個團體的一員需要這樣的素養吧。因此大家都養成了想要事先設定好開幕日的壞習慣。

開幕日是決定店舖成敗的命運之日。首先獲得周圍客人的信賴、為店舖獲得好評，對於店舖的將來來說是最重要的事情。

通常從開幕日後，會有持續一段被稱為開幕景氣的繁忙日子，這個時候來光臨的客人一般都是區域內的客人，是對店舖利用率很高的客人。

如果他們對店舖的印象不好，那可能就不會再來第二次了，甚至會告訴身邊的人「那家店不好」。為什麼會發生這樣的事情呢，全都是因為準備不充分。

何時開幕是固定的。能成功的生意都是以客人為尊的。在店舖到了可以為地域內的客人提供最棒服務的狀態時，就是開幕之時。

即便事前決定好了開幕日，也會因為第一次運作而經驗不足，導致準備不充分。明明還未準備好，卻因為開幕日已經決定了，因此為了遵守已經決定的事情而勉強開幕。

還有很多事前決定好開幕日的理由，比如資金有限、對店主來說是黃道吉日、被親戚朋友催促等等，這些都只是表明了從創業第一步起就為自己考慮，而不是為客人考慮。

Q4 遇到奧客時，如何應對是最重要的呢？

A

所謂奧客指的是會對其他客人帶來困擾的客人。對於這種行為，如果店家能夠毅然做出請他們離開的對應就太好了。

此外很明顯的找麻煩行為也是一樣。如果已經重複好幾次類似行為，那麼拒絕此人來店比較好。

但是對於客訴的處理則另當別論。對於客人的投訴，應立即積極應對。此外，透過改善引起客訴的原因，可以累積店舖獨特的技巧。在某種意義上，可以說客訴對於店家是寶藏。

Q5 施工工程是否應該請大約三間公司進行比價？

A 在一些開業指導書中經常看到估價時會請3間公司進行比價，可是實際上很多情況下只是浪費時間而已。首先找這三間公司就會花費很多時間，其次即便請三間公司報價，工程費用也可能基本差別不大，有時候甚至如果施工公司知道在進行比價的話，會直接不報價，在等待的期間就浪費了很多時間。

如果有熟知的施工公司的話，可以直接委託他們就好，如果沒有的話，也可以請值得信賴的人幫忙介紹施工業者。

在委託報價時，可以只是告知業者「我們還在進行比價階段」。

不同的施工業者有擅長或不擅長的領域。有的裝修業者可能會跟你說「我們很擅長裝修拉麵店舖」，但其實說不定平時他們是以裝修住宅為主，只是以前裝修過拉麵店而已。應該事先確認清楚業者是否具有豐富的拉麵店裝修經驗。此外，不要因為覺得對方是裝修方面的專家而有所顧慮，要積極地將自己想要的內裝感覺傳達給對方。

Q6 一直找不到兼職員工，怎麼辦？

A 這是任何店家都面臨到的問題。不管刊登了多少招聘廣告就是無人應徵。讓人感嘆只是不斷增加費用而已。作為相對來說比較有效果的方法，可以在開幕裝修期間張貼開幕準備中的告示。

令人意外的是這段期間所受的關注度較高，因為人們對於「這會是一間怎樣的店舖呢」抱有好奇心。此外，雖然是同樣的工作，但選擇在新開業店舖工作的人比較多。

聽說某位拉麵店店主平時看到優秀的人才時就會邀請他們加入自己的店舖。雖然不會立竿見影，但每次見面都邀請一次的話，對方慢慢地就會改變心意吧。也有因為這樣確保了珍貴戰力的例子。

單獨開店的話，很多情況下家人、親友可以

成為臨時戰鬥力，但對於普通的員工們，還是要從平時就用心注意禮貌用語。在忙碌的時候、緊急的時候，從客人的角度來看，那些稍微不客氣的用語，也會成為店舖形象大打折扣的原因。

Q7 我自己會在家製作拉麵。我有自信已經製作出了美味的拉麵。

A 自己在家製作出了美味的拉麵，所以就可以開拉麵店。這完全是幻想。這還處在試做拉麵的階段。

關於這個「在自己家裡製作的味道」，有的人製作出比繁盛店還要美味的拉麵後就覺得自己也可以開店，但這完全是有勇無謀的行為。應該在詳細瞭解拉麵行業的表面和實質後，好好思考這一行是否真的適合自己。

說個題外話，有些考慮要開拉麵店的人，在自己家裡也會使用大量食材進行試做。

因此會剩下大量湯頭、麵條和叉燒。一般會覺得浪費就請家人或朋友等親近的人們幫忙吃。如果你真的在考慮或準備開業的話，也許會需要家人或朋友幫忙。此時，如果平時就只請他們吃尚未成功的拉麵的話，如果是你會怎麼想？就算你對他們說「正式開店製作的拉麵肯定沒問題，你們放心吧」，他們就真的能放心嗎？有的人甚至被親友拼命阻止開店呢。

對於重要的人必須始終如一，只讓他們品嚐自己真正覺得美味的拉麵。

Q8 拉麵店的成本以多少為標準呢？

A 拉麵店開業指導書中一般會寫著拉麵的食材成本為30％，但一般人看到這個時也許會單純地想如果銷售額是２００萬日圓，那麼毛利就有１４０萬日圓。

現在的拉麵業界，同行之間的競爭十分激烈，而且流行的變化十分顯著，因此需要經常意識到與其他店家的不同，導入新的技法或是新的食材，因此成本率自身會超過30％，甚至有的店家會達到35％以上。

如果在以前的話，花費在成本上的部分，會因為與其他店家的明顯不同而節省下廣告宣傳費用，但現在也不奏效了。

而且現狀是因為在計劃階段單純將食材成本考慮為可變支出，所以實際經營拉麵店後才發現並不如自己所想的那般賺錢。

手工製作的比重越高則食材成本的可變支出部分和半固定成本部分也越高。

此外食材成本本身也是每次都在變化的。當初計劃的標準成本只不過是一個預想，有必要把握真正的店鋪成本和實質成本來妥善控制成本。

Q9 要如何做才能被媒體報導呢？

A 這也要看是刊載在何種媒體上，但一般而言這要取決於是否具有其他店舖沒有的某種特別要素。需要有讓媒體想要採訪的特別有趣賣點。

環顧現在的拉麵業界會發現盡是些十分講究的店家，因此如果只是宣稱自己的店家的講究之處，還是難以被媒體報導的。

作為被大肆報導的例子，多數情況是如果被刊登在大型報紙上，則可能接到電視台的製作公司等的邀約。被報紙報導則意味著資訊無誤、不會拒絕採訪，因此媒體方面也容易提出採訪要求。

基本上很難出現突然被電視台採訪的情況。此外電視台之間也不大會出現被競爭對手的電視台先報導的情況。

實際上經常被媒體報導的拉麵店的店主說過：「被媒體報導的影響僅限於在電視上播出後的一段時間，在那之後也就回歸平常了。」

被媒體報導這件事絕不是打破現狀的關鍵。重點還是應該平時盡全力為客人提供優質服務。

如果你認為被媒體報導的話會對店鋪的經營大有幫助，那就相當於你只是什麼都不做，光等著中彩券一般吧。

Q10 廣告宣傳費用要在何種地方花費多少呢？

A 我認為開幕後還是盡可能不要使用廣告宣傳費比較好。一般認為飲食店整體平均的廣告宣傳費用佔營業額的５％～10％左右，但進貨（30％～40％）、租金（10％～15％）、人事費（10％～15％）、水電瓦斯費（10％～15％）、其他經費（10％），扣除這些後剩下的就是利潤，所以應該能理解利潤率是很低的吧？

實際在經營拉麵店的人士應該感覺花費５～

10%的廣告費用是很高的。如果在以前的話，也有過一段時期是只要將自己店鋪的特色宣傳出去即可在某種程度上吸引到客人，可是現在每個店鋪都有自己的特色，已經沒有特別能夠引人注目的東西了。

因此盡可能不要花費廣告費用是常理。我覺得平日的服務才是最大的廣告。

Q11 我想定價比周邊的拉麵店便宜，這樣好嗎？

A

這樣毫無意義。我反而覺得貴一些比較好。不應該從一開始就以讓人們覺得那間拉麵店比其他拉麵店便宜而前往為目標。

說句題外話，日本的拉麵真的比國外便宜太多了。材料費基本差別不大。這是因為在外國人眼中，拉麵是昂貴的日本食物之一。另一方面在作為本家的日本則因為拉麵店之間的激烈競爭，導致拉麵店自作主張地使用極盡講究的食材而不斷增加了材料費，而客人一方對於平均一碗拉麵的實惠感卻幾乎毫無變化。

在被收錄入米其林指南等備受世界矚目的日本拉麵業界，每天都有各式各樣的拉麵店登場。倒不如說如何才能夠提高定價、售出高價是今後在經營拉麵店時必須要思考的問題吧。

Q12 有沒有可以免費利用網路吸引客人的方法呢？

A

這還是要靠活用社群網站吧。

透過活用Facebook、Instagram、LINE等這類社群網站，可以成為有力的集客方法吧。

店舖經營的重點在於如何能夠讓客人經常想起自己的店舖。「今天的午餐在哪裡吃呢」、「假日的晚餐和家人一起在哪裡享用呢」等，大部分人在出門前已經決定好了。

在客人想到要外出用餐時，讓自己的店舖進入客人腦海的名單中是很重要的。客人的這個名單中並不是有好幾間候補店鋪。而是只有一間或最多2間。

客人在前往自己想去的店舖，發現店舖關門或者有很多人在排隊而無法立刻進入時，才會隨意逛一逛搜尋其他店鋪。

這種時候顯眼的店舖裝潢也是吸引客人進入自家店舖的重要因素，但最重要的還是在於是否在平時就能進入每個客人的腦海名單中。關鍵詞是「讓客人忘不了」、「讓客人記住」。

社群網站都不是立刻會有效果的，重要的是要堅持。內容上來說，盡量不要讓客人感覺是在宣傳。發表的訊息讓客人很期待或是讓客人很喜歡就好。

如果與實際的店舖待客或服務進行連動的話會更有效果。

宮島力彩（Rikisai Miyajima）

拉麵監製
海千山千舍 代表

1965年出生於大阪市。曾任廣告設計師、經營顧問，自身也經營人氣拉麵店。
2001年開始從事拉麵店專門諮詢業，進行新店開幕或虧本店舖的重建等。在他的活動被媒體報導時，開始將職業名稱定為拉麵監製。
現在透過在東京、大阪的拉麵學校，培養了日本國內外眾多拉麵店店主。從2017年開始，也出任中國北京的日式拉麵學院講師，也擔負透過「RAMEN」向全世界普及日本飲食文化的重任。迄今為止參加過電視節目等，還執筆多本專門書籍。

緊急新聞解說

關於 拉麵店 客訴增加 一事

「現在有這種客訴嗎？」、「那樣的客訴在增加嗎？」
向實際開業的拉麵店店主收集並分析這些實例。
應對客訴的方法要因應情況具體分析，雖然無法一概而論，
不過我們為了讓大家能夠先瞭解
「有人因為這樣的理由而投訴」、
而且「有的人投訴是有企圖的」
因此設計了這個專欄。
與應對突發的客訴相比，預先累積相關知識就更能理性應對，
因此將為大家介紹和解說現代的客訴。

竈 TOKYO 店主
清水 博文

客訴也在隨著時代改變

對於餐飲店的經營者來說，「客訴」是非常不想聽到的一個詞語。雖說如此，對於與客人面對面做生意的人來說是日常必須直接面對的切實問題，與店鋪的規模大小和生意是否興旺無關，任何店鋪都在進行著各式努力。

在我開拉麵店的時候，第一位客人就是那種類型的客人，拉開了客訴序幕。那之後的18年，不斷累積經驗，我自己店鋪的客訴慢慢減少了，不過聽業內的朋友分享後反而覺得沒有減少，而是換了一種形式，有的甚至已經到了很嚴重的地步。本次以現代拉麵店的客訴為焦點，為大家說明作為店鋪應該如何採取措施應對客訴。

現在的「客訴」分為4大類

雖說統稱為客訴，但從其內容來看可分為4大類。即有所不滿的「抱怨」、衝動氣憤的「控訴」、不可抗力引起的「事故」，還有「找麻煩型」的有企圖的客訴。

不過最近複雜化了，出現了無法具體劃分到任一種類的模糊例子，讓人苦於應對。客訴分類請參考頁面下方表格。

輕視和無視客訴是最不能做的事情！

客訴對於客人和店鋪來說是「兩敗俱傷」的。對於客人來說，會出現私有物損害、浪費寶貴時間、體會到失望感，如果店家應對不當甚至會再也不來店內。對於店家來說，出現多於客人的損害是無可避免的，不僅有金錢的損失、店鋪評價降低，甚至還有可能在客訴處理過程中引發員工的不信任感和厭煩而辭職，從而招致突然的人才流失。其中還有在客訴成為問題期間，店內和員工間的氣氛非常糟糕，甚至還會為負責的員工與經營者帶來煩悶沉重的心情。

更有甚者，最近因為社群網站的普及，還有可能發生辭職員工杜撰事情原委進行內部告發的危險。如果變成那樣就為時已晚了。客訴的可怕之處就在於如果你輕視它就會得不償失。

我想應該也有很多人會認為「我們店至今一次客訴也沒有，我們規模很小，而且只是家人經營，與我們沒關係啦」，不過請不要忘記了客訴往往就是無預警突然發生的事情喔！

最近的客訴在「質」與「量」方面的顯著變化

出乎意料的是，「客訴」這一詞彙受到關注並被定論是在最近才發生的事情。在電視娛樂節目及暢銷書中，「客訴」、「奧客」被提及的機會大大增加，快速改變了人們對普通客訴的認知。

在此之前都是內部處理，那些提出（還未到出現損壞或受傷等大問題的程度）客訴的客人，老實說是「找麻煩的」或「愛發牢騷」的客人佔多數。然而最近「羞恥心」和「內疚感」變得薄弱的普通客人有所增加，其中認為是「為了店家好的義務感」而堂堂正正客訴的客人也增加了。這本身可激勵店鋪提昇品質，所以是有益處的，但近年店鋪疲於應對的實例也有所增加。

客訴的分類

抱怨	指的是客人抱怨在店鋪內所遭受的事情。 依據不同狀況還會成為店鋪加入的保險的損害賠償對象。 （例）湯灑出來弄髒襯衫、傘被別的客人拿走了等。
控訴	在國外，比起抱怨，更多客人經常使用控訴。 指的是客人衝動性地對店家做出的抗議行為。 （例）忘記帶優惠券但仍然要求積點、不喜歡店員等。
事故	指的是在店內因不可抗力而引發的事情。 （例）客人之間打架、附近桌客人發出惡臭（或香水味太重）等。
找麻煩	指的是有明顯意圖地給店家帶來危害和損害。 總之就是要找出不滿意的地方。某些情況下建議報警（要看具體情況，後面會再詳述） （例）在店鋪門口妨礙其他客人進入、對商品、服務及設施的不足之處找麻煩。

有人因為商品內混入的頭髮，不僅強烈抗議，甚至要求損害賠償。

透過社群網站的客訴

2000年以後爆發性普及的網路環境，徹底顛覆了以前的商業常規。餐飲業也不例外，對於店家的客訴也從「直接店內投訴」的模式慢慢轉變成事後使用郵件或發簡訊聯絡的模式。因為沒有面對面所以減少了緊迫感，但是有必要做好心理準備，可能會收到很傷人的內容。

「客人認知的變化」

對於混入了毛髮或「小異物」（當然這樣肯定是不對的）這種事，以前客人可能會覺得「算了」、「這也難免」，不過現在基本上是要重做一碗的，甚至還聽說過被客人以精神受損之名要求損害賠償。

與以前的常識不同，有的客訴讓人聽了會不自覺地「欸？」

客訴具體實例容後敘述。

「索要金錢型客訴有所增加」

以前「對於客訴損害，店家會以金錢賠償作為道歉的誠意」，但現在卻有客人為了獲得金錢，反過來故意自己製造一些可以客訴的事情。客訴具體實例容後敘述。

「客訴的巧妙化、精細的計劃化」

今後店鋪有必要加強應對的是這一點，這是筆者聽警方說的。伴隨著索要金錢型客訴的增加，出現了一些不是偶然遇到，而是事先查看現場或是學習設備及器材知識，準備周到後再行動的例子。

他們會透過企業官網的操作說明書等學習監控鏡頭和餐券機的性能，掌握了「如何識別仿真監控鏡頭」、「如何找出監視器的死角」等專業知識後再前來店內找麻煩。

近年在拉麵店發生過的客訴具體實例

店鋪會收到什麼樣的客訴呢？在這個小節將為大家詳細介紹實際發生的具體實例。

（＊對象 經營型態（連鎖店、FC店、個人店、排隊名店）的區別，對日本國內40間店鋪的拉麵店主和海外10間店鋪進行問卷調查，以從日本國內25間店鋪、海外8間店鋪獲得的有效回答為基礎進行編輯）

「客訴發生的各種情況」

是否有在「怎麼偏偏在這種時候……」的一瞬間沒有注意的時候就發生了問題呢？也許是偶然，也有可能是那個瞬間被人盯上了。

☆在店主、現場負責人、經驗豐富的員工不在或稍微不注意的時候

☆忙碌的時間段或相反的在午餐高峰後員工稍微放鬆的時候

☆員工人手不足時、或是由經驗不足的員工來接待時

☆店內很寬敞（一層樓的平均員工很少）、店內存在死角

☆店內氛圍不好（員工責任心不足、經常偷懶）

☆店家知名度高、生意興旺

☆店鋪創業不久

料理時的實例

☆整體來說「異物混入」是客訴中最多的。一直以來被認為的「3大異物」

①頭髮或睫毛 ②金屬刷、海綿碎片、塑膠碎片 ③小蟲

☆混入了本來沒有在商品中的食材

（例）豆芽菜等蔬菜碎片、雞蛋殼碎片

待客服務時的例子

☆弄錯順序

・領位錯誤導致入座先後順序弄錯

・提供商品時的先後順序弄錯

☆髒污・破損

・提供拉麵時麵碗打翻或補充調味料時飛濺，使得服裝或包包

附著髒污

・餐桌、椅子、餐具的髒污使得客人食慾減退

・清洗餐具時的飛沫越過吧檯飛入碗中

針對員工的實例

☆員工的待客態度、言辭用語、服務方式

☆對自家店鋪的商品說明讓客人不滿意

☆雖然最近有所緩和，對員工過度誇張的服裝、髮型、誇張的時髦感、手腕處的紋身（或稱刺青）、誇張的耳飾、戒指、美甲、頭髮顏色等有意見

對員工的頭髮顏色、誇張的耳環等不滿，轉變成抱怨。

☆員工之間的竊竊私語

即便是工作上認真的對話，客人可能會從表情等判斷員工在竊竊私語，因此要注意。

外場員工與廚房之間的聯繫錯誤

☆點餐失誤

☆拿錯或遺失發票、餐券

商品相關實例

☆在菜單或媒體上刊載的商品照片與實際裝盤完全不一樣

☆與隔壁桌點的同樣商品卻明顯不同

☆人氣料理很早就售完了

☆菜單未標示過敏標記、卡路里含量

☆數量限定菜單在輪到自己的時候售完了。久等的客人會覺得很不公平吧？

圍繞優惠券的紛爭實例

最常見的事情就是客人的「強詞奪理」

☆明明就標明了下次才可使用卻……

☆明明忘記帶優惠券了卻……

☆明明早就過期了卻……

☆明明帶的是別間店鋪的優惠券卻……

☆明明標記著無法合併計算卻……

明明忘記帶積點卡，卻強烈要求「幫我積點」

結賬時

因為是與金錢相關的部分，所以發展成問題的要素很多

☆餐券機結賬

・放入餐券機的紙幣（一萬日圓）無法退出

・結賬時找零錯誤或未找零

・結賬時未吐出餐券

☆收銀台結賬

因售價是否含稅的認知不同而導致爭吵

帶著小孩的客人意見

自從出現「怪獸家長」這一詞彙後開始有所增加。

☆設置兒童餐椅（店家設置但需家長自己組裝的類型）時夾到手指

☆未準備兒童餐椅

☆孩子的頭撞到桌角

☆嬰兒車無法進入店內，不想用店內的公用品

☆不喜歡店鋪準備的兒童餐具

只準備了藍色的餐具（別無他意），但被家長認為是性別歧視

☆孩子在店內跑來跑去撞到了上菜的店員

☆孩子在店內跑來跑去或是大聲吵鬧，因此店員溫柔提醒父母，父母卻生氣說「你是在對我們家的教養指手劃腳嗎？」

設備不完善

☆郊外的店鋪容易發生停車場糾紛
・停車場內的店鋪廣告旗倒下碰到了客人的車
・客人的車子互相擦碰，指責店鋪停車場設置不完善
・在店鋪院內行駛的客人車子擦撞到其他客人

☆店內設備方面的實例
・因入口處的門開閉而夾到手指
・開門時飛入的塵埃飛進了眼睛
・地板很滑，客人滑倒撞到頭

☆排隊實例
・亂插隊
・排隊的客人身體不舒服。怪到店家頭上
・隊伍延伸到隔壁店鋪造成困擾
・只有一人排隊，但入場前聯絡居然進來10人左右

最近較多的與網路、官網、社群網站相關的實例

☆美食網站記載的營業時間錯誤，導致客人前往後發現未開門
☆有員工對社群網站上刊登的優惠券的發行事宜不熟悉
☆官網上的照片拍到了已經離職的員工，招致其抗議

伴隨國際化、多文化共生而產生的不知所措

以成功舉辦2020年東京奧運為旗號，日本政府與東京都大力投入觀光領域，伴隨著外國遊客的增加，拉麵店也正被國際化浪潮衝擊著。外國人認為客訴是「理所當然的權利」，甚至也會出現一些抱著試試看的心態而客訴的實例。

☆未準備英文（中文、韓文）菜單
☆未寫料理說明，因此不知道吃法（特別是沾麵）
☆（因店家無清真相關知識）讓伊斯蘭教徒吃到了禁忌的豬肉
☆無素食主義者可食用的料理
☆不合胃口要求退錢或是重新做別的（當然是免費的）
☆有些外國客人會在用手機或平板看影片、撥打視訊電話、打遊戲時不戴耳機還開大音量（也許不只是筆者的店鋪才有的現象），這樣會對周圍的客人帶來困擾
☆店外有人在排隊，店內的客人卻在慢吞吞品嚐食物或是吃完後還在閒聊，使得排隊等候的客人很生氣
☆推開店外排隊的人潮若無其事進入店內。被插隊的客人勃然大怒

雖是不合情理的可笑實例，但這種情況還是相當多的

☆不喜歡店主（經營者）在社群網站上發佈的文章或留言而來店抗議
☆客人花費了大量交通費前來卻發現店鋪關門，要求店家負責
☆自己喜歡的女店員辭職了，要求店家挽留
☆覺得店家的工作服或制服沒品味
☆看到美食網站上讚不絕口，味道卻與想像不同，不好吃

其實最難處理的是「店內客人之間的糾紛」

這要求對店家的責任明確劃線。有時甚至需要視而不見。以下例子全部都是本店發生的真實客訴事例，因此詳細記述了直至解決方案的來龍去脈。

☆在排隊時發生了口角
⬇先勸開兩人，讓他們在用餐過程中冷靜下來，餐後贈送他們優惠券後就解決了。肚子餓的時候人們容易煩躁。

☆一群學生來店，座位分散。因為出現空位，所以在移動座位過程中，某位學生手上拿的杯子中的水灑在了坐著等餐的客人（與學生無關，而且偏偏是不能惹到的類型）身上。
⬇該學生只是默默地低著頭不道歉，客人很激動。作為店家來說是無法忽視的狀況，因此店方決定居中調停。最後客人要求賠償（其實算勒索了）洗衣費，不知道為什麼連沒有被潑到水的朋友的份也一起，加起來共給了2千日圓。之後該名客人和那群學生都再也沒有來過店裡。而且最後即便同行的朋友們都再三勸說當

客人集體前來抗議說不如社群網站上稱讚的那般美味。

事者道歉，該名學生還是默不作聲、拒不道歉。直到最後也沒有向店方說過一句道歉的話。回去的時候，其中一名朋友大概是覺得無地自容而道歉了，我們也由此得知了該當事者的父親是律師（不過我覺得對於明顯是自己引發的紛爭不應該「緘默不語」）。至於被潑水的那位客人則有一段時間一直糾纏不休地在我們的部落格上寫下只有洗衣費不夠這樣的留言，於是報了警。告知客人已經報警後，他就再也沒有聯絡了。

☆想要將拉麵從吧檯內端給某位女性客人，隔壁桌一位戴著耳機看漫畫入迷的男性客人（與女性客人不認識）突然像伸懶腰一樣伸出了手（不是故意的，是無意識的），碰撞到了拉麵。拉麵直接從頭倒在了女性客人身上。

⬇在應對女性客人時，戴著耳機的男性客人吃到一半逃跑了。當時店主夫妻居住在拉麵店的二樓，因此讓女性客人先洗澡。再將妻子的衣服借給她穿。向她道歉（提出金錢賠償），可是女性客人堅持認為不是店家的責任而拒絕了。不過一想到如果不是居住在樓上，或是妻子不在的話，對女性客人就無法採取這麼及時的對策，就覺得很害怕。

「索要金錢型」的惡質實例

在此之前都是只要是店鋪的責任且誠心誠意應對客人的話，就可以解決，即所謂「健全的客訴解決」實例。但最近以下這些惡質實例讓人感覺十分不安。

☆會被這類人盯上的店舖

直接來說就是「創業時間尚短的興旺店舖」即「有資金，有機可乘、慌亂、嫌麻煩的店舖」

☆一直都有的傳統手法

- 吃了東西後身體突然不舒服，食物中毒。釋出誠意後對方卻不聯絡醫療單位
- 帶來的1萬日元的傘被拿走了，要求店舖賠償。
- 食物裡面混入了睫毛，威脅說對你們這種有名店舖來說是很糟糕的事件吧？
- 放在掛在衣架上的外套口袋內的錢包被偷了

☆最近手法升級的傳統手法

- 被混入的鋼刷碎片割傷了嘴巴，弄髒了襯衫。想先去買件便宜的襯衫，先借我1萬日圓，我馬上就回來⬇結果一去不復返。
- 與別的客人因為「對視」、「瞪眼」而爆發爭吵。而實際上卻是有組織的行動（據警察說）。

學習歐美的方式，應對不久的將來可能會發生的客訴

據在應對客訴比日本先進30多年的歐美國家經營拉麵店的店主說，下列情況正在增加。可以向客訴大國學習將來的課題。

☆智慧手機、平板等資訊設備所引發的糾紛激增

在店內遺失、被員工服務時撞到滑落破損、無法連接WIFI

☆（拉麵店比較少見的）預約引發的糾紛

明明預約了卻無記錄、網路上的預約未送達。因此要求店家幫忙安排其他餐廳，而且給客人造成了困擾，所以要求店家付款

☆外國人群體引發的各種行為

送餐錯誤，要求重做（弄錯的料理已經全部吃完了。點餐時為了讓店員發生失誤而不斷更換餐點。）陸續上菜後，還未拿到餐點的同伴不高興，要求店家為此打折。

☆在店內遭遇小偷，錢包內有大量現金。

與同夥合作，一人扮演「小偷」，一人扮演「被偷者」。在國外（特別是歐美）聽說會毫不猶豫地直接報警。很多國家為了大力維持觀光資源和治安，都會積極介入調查。

鋼刷的碎片割傷口腔。出血弄髒了襯衫，你要賠償我襯衫的錢。

需事先瞭解的客訴對策

正確的應對方式每間店鋪有所不同

實際情況是從結論來看並無業界共通的正確應對方式。這是因為「店鋪規模」、「在職員工數目」、「是否有經驗豐富的員工」以及「企業、經營者的理念」、「店鋪的方向性」等區別而可能採取完全不同的對策和應對。不過存在以備不時之需的「共通預防對策」。

共通預防對策

・經營者、現場負責人應每天抱持高度的危機意識
・不要讓初學者進行ＯＪＴ（現場實習）而是以資料為題材，列舉實際事例加強危機感
・處理後的資訊應所有員工共享
・經營者、現場負責人不要掩蓋事實

☆確實提出店鋪（經營者）的方針
〈具体事例〉如果是用金錢能夠解決的問題，那麼負責人有權準備的上限金額是多少，還要劃分清楚負責員工的應對界限、現場負責人的應對界限、經營負責人的應對界限。

☆要店鋪內外都照顧周到

☆有形跡可疑的客人入場時，要提醒所有員工注意
＊此處的形跡可疑指的是員工不注意的時候四處張望、在店外長時間觀察店內、對攝影鏡頭的位置很在意等。

需事先瞭解的客訴對策 發生客訴後應注意什麼？

注意點

☆一開始的應對狀況是決定勝敗的關鍵
☆從應對負責人到現場負責人的傳達速度很重要
☆即便明顯錯在客人，也絕對不能惹怒對方
☆要冷靜應對，不要將情緒顯露在臉上，（事態嚴重時）可以誠懇請客人先回去，再協商善後對策
☆絕對不要想著一個人解決

客訴問題要找誰商量好呢？

不是所有的店鋪都會聘請專門的律師，甚至成立法務部。個體經營者有必要從平日就增加商量的渠道。

委託律師、會計師等專業人士

如果熟人或朋友是律師的話另當別論，從開支方面來看，不建議特地簽約律師以防萬一。還不如向經常委託賬務工作的稅理士、會計師諮詢。他們多少有從餐飲業的客戶那裡聽說過一些客訴事例，因此可以期待獲得恰當的建議。有的時候甚至還可以為你介紹過去解決過同樣客訴的客戶認識（當然僅限於店鋪的顧問稅理士、會計師）

討論是否要加入「店鋪綜合保險」

筆者的店鋪有加入該保險，這與火災保險不同，還有一種稱為「店鋪綜合保險」的保險，保險公司的人對於支付客訴賠償、煩人的調停交涉都可以代為處理。此外客訴發生時（也要看該保險負責人的能力）還可獲得恰當的指示，順利促進與客人的交涉。購買各保險公司的商品會花費相應的費用，但萬一有事發生時會讓人稍微放心些。保險公司的人會幫忙處理麻煩的應對，因此很方便。不過據說近年有所增加的「索要金錢型」客訴就是因為有這個保險才發生的。

＊店鋪綜合保險幾乎所有的大型保險公司都可購買。

可選擇報警的實例

說到糾紛我們首先浮現出的印象會是「警察」，但實際上……老實說除暴力、傷害、直接索要金錢以外一般是不會報警的。而且如果沒有確實的證據影片或錄音的話，警察也不會受理。

☆筆者實際遭遇過的警察局經驗談

・被客人大聲當面辱罵
⬇「有受到暴力傷害嗎？有的人只是講話聲音大了一些，這樣也要讓警察追究責任，我們會很為難的。」

・客人故意混入異物（睫毛），強迫店家顯示誠意
⬇「有受到恐嚇嗎？沒有監控影像的話就是沒有證據，我們無法受理。」

・客人之間打架導致流血受傷。雙方都把責任轉嫁到店家（原因是店家吧檯的設置有問題，導致兩人對視而引發糾紛）

⬇「有破壞店內設施嗎？如果沒有的話，我們只能勸阻打架。之後的事情屬於民事範疇，請雙方當事者協商。」

但是作為對客人提出的過分要求的威懾力，「我們要報警了」這樣堅決的應對方式有時也是必要的。

活用同行的人脈

☆在附近經營者的聚會上與大家聊一聊

☆參加拉麵店主的聚會，收集相關資訊也是一個方法

☆利用Facebook（臉書）發佈糾紛發生的來龍去脈，喚起大家注意

☆筆者所屬的「高田馬場拉麵公會」會使用LINE互相密切聯絡，報告客訴發生狀況與對策，提醒大家注意

總結

將不利轉化為機遇！

至今為止看起來客訴對於客人和店鋪來說都是「兩敗俱傷」的，具體事例也是毫無好處。但是靜岡縣的某間生意興旺的拉麵店店主有不一樣的看法，他教育員工說：「危機就是轉機，因此不要害怕客訴，倒不如說如果有客訴時要感覺很幸運。」

確實有時也會以客訴為契機，和客人產生新的邂逅，並且帶來新的商機。積極應對客訴，克服課題，提高員工熱情度，為店內保持良好氛圍狀態，這也是經營者的手腕吧。

此外，為了防止日常可能發生的客訴或有計劃有組織的大規模客訴，我認為有必要採取諸如業界全體共享資訊等措施。期待以這些措施為契機，可以更加積極進行拉麵店店主之間的學習會或資訊交換。

作者簡介

清水博丈（SHIMIZU HIROTAKE）

竈TOKYO 店主。1967年出生於神奈川縣。辭去上班族工作後於1999年在新宿大久保創業「竈KAMADO」。不僅是一名拉麵店店主，還擔任拉麵資訊雜誌的企劃編輯，心繫「廚房內的發聲」而持續執筆。主要著作有「竈KAMADO成功的秘訣」（雙葉社刊）、「究極拉麵200店 4位店主選擇的極致美味」（日本文藝社刊）、「味道記事本（專欄）」等。

☆Facebook #Kamadotokyo
☆Twitter @kamado_boriumu

插畫／ミナミユウコ

好書推薦

我賣拉麵，我的營收 60 億

14.8×21cm　176 頁
彩色　定價 280 元

精通理財之術、懂得經商理論，為什麼還是沒有辦法賺大錢？
那是因為腦袋依然被「常識」所困！
唯有開拓並堅信自己的經營哲學，才是邁向成功之道

如今營業額突破 60 億日圓的拉麵霸業，竟然是從僅有 5 坪、只有 5 個位子的小車庫開始發跡！不倚靠媒體、也沒有向銀行貸款的土田良治，到底是運用了什麼樣的經營方式，才能一路成長至這令許多人瞠目結舌的營收數字呢？他也曾經失敗、歷經人生挫折，然而，靠著堅毅的不撓意志與勇於嘗試改變的作風，讓他得以突破一次又一次的瓶頸。

開店專業 拉麵・沾麵の醬汁調理技術

21×29cm　112 頁
單色　定價 400 元

本書邀請門庭若市的超人氣拉麵店店主們，不藏私傳授我們「醬汁的作法」。書中，所有的醬汁都是他們殫精竭慮苦心研發出來的，無一不經過多次失敗反覆試驗，基於熱情和持續挑戰的精神才設計出來的。在公開人氣拉麵味道組成的元素之一的「醬汁」時，許多店主都談到類似的事情。

「製作醬汁要歷經百般的摸索，因為很辛苦，所以希望本書能成為日後想開店的人，或是目前正在努力創業者的指標」。以追求自己的拉麵、沾麵為目標，不斷思考「如何做出更美味拉麵」。

日式沾麵、拌麵最新技術

21×29cm　96 頁
單色　定價 450 元

「沾麵」是日式拉麵中一種麵湯分離的吃法。將麵條水煮後以冷水沖洗盛盤，再擺上叉燒、滷蛋、筍乾等配菜，比普通拉麵味道更濃厚的湯汁則是或冷或熱，另外盛裝以便沾取。

「拌麵」則如其名，是在煮好的乾麵條上擺入各式配菜後淋上香濃醬汁拌在一起食用。兩者都是日本拉麵文化中獨具特色的一環吃法。

本書獨家專訪 24 家人氣拉麵店，介紹總數 30 道最受歡迎的沾麵、拌麵最新調理技術，以及獨門料理秘方。想知道這些拉麵店為何能大排長龍，讓人不惜等候 2 個小時也想吃上一碗嗎？書中的詳細說明與專家秘訣就絕對不要錯過！

TITLE

人氣拉麵店的繁盛秘訣

STAFF

出版　瑞昇文化事業股份有限公司
編著　旭屋出版編輯部
譯者　黃鳳瓊

總編輯　郭湘齡
責任編輯　徐承義
文字編輯　蔣詩綺　陳亭安
美術編輯　孫慧琪
排版　執筆者設計工作室
製版　印研科技有限公司
印刷　皇甫彩藝印刷股份有限公司

法律顧問　經兆國際法律事務所　黃沛聲律師

戶名　瑞昇文化事業股份有限公司
劃撥帳號　19598343
地址　新北市中和區景平路464巷2弄1-4號
電話　(02)2945-3191
傳真　(02)2945-3190
網址　www.rising-books.com.tw
Mail　deepblue@rising-books.com.tw

初版日期　2018年7月
定價　450元

國家圖書館出版品預行編目資料

人氣拉麵店的繁盛秘訣 / 旭屋出版編輯部編著；黃鳳瓊譯. -- 初版. -- 新北市：瑞昇文化, 2018.06
128面；20.7x28公分
譯自：人気ラーメン店は、ここが違う!：大特集注目ラーメン店の「個性と魅力」総点検!
ISBN 978-986-401-256-5(平裝)
1.餐飲業管理 2.日本
483.8　107009655